YouCore

著

新时代加速成长隐性逻辑

天地出版社 | TIANDI PRESS

图书在版编目（CIP）数据

个体赋能 / YouCore 著 . —— 成都：天地出版社，
2018.11（2019.2 重印）
  ISBN 978-7-5455-4242-4

Ⅰ . ①个… Ⅱ . ①Y… Ⅲ . ①成功心理—通俗读物
Ⅳ . ① B848.4-49

中国版本图书馆 CIP 数据核字（2018）第 220697 号

个体赋能
GETI FUNENG

出 品 人	杨　政
著　者	YouCore
责任编辑	陈素然
装帧设计	今亮后声 HOPESOUND pankouyugu@163.com
责任印制	葛红梅

出版发行	天地出版社
	（成都市槐树街2号　邮政编码：610014）
网　址	http://www.tiandiph.com
	http://www.天地出版社.com
电子邮箱	tiandicbs@vip.163.com
经　销	新华文轩出版传媒股份有限公司

印　刷	河北鹏润印刷有限公司
版　次	2018年11月第1版
印　次	2019年2月第3次印刷
成品尺寸	165mm×235mm　1/16
印　张	18
字　数	238千
定　价	45.00元
书　号	ISBN 978-7-5455-4242-4

李传玉

嘉年资本董事长

管理没有标准答案，职场困惑的解决之道亦然。不同于标准化操作手册式的管理著作及心灵鸡汤式的励志文章，**读《个体赋能》的感觉就像是和老朋友聊天，问题可以感同身受，方法也是触手可得。**开阔心智，但绝非空洞的说教；鼓舞斗志，而无须激越的情绪。

吉永

歌尔集团副总裁

能量是守恒的，多一些赋能的维度，动能才会持续久远。

仓梓剑

链家旗下
愿景集团 CEO

这个世界上没有所谓的最佳职业成长路径，因为每个个体都不尽相同，所处的环境也各有差异。但有一点是确定的，**一个人所掌握的方法越接近底层规律，他的成长效率就越高。**《个体赋能》这本书最大的价值，就是告诉你如何自我赋能更本质的职场成长方法。

陶淑贞

盟亚企业
管理公司 CEO

职场成功，格局、观念、方向、方法到人脉，无一不需经营，本书带你贯通各个环节，掌握自我、迈开大步。成功，就在不远的前方！

陈辉远

IBM 咨询事业部
制造业副总经理

职场快速成功进阶的五大功法，格局、观念、方向、方法、人脉。书中将为你逐一详解，让您的职业发展倍速前行，功成事遂。

陈果

IBM 全球商业咨询
事业部零售行业
董事总经理

职场道路，成功靠己，这本书不是职场鸡汤，而是真正的行动指南。

华明胜

埃森哲数字服务
董事总经理

在不停的学习中，如何养成格局、观念、方向、方法、人脉的绿色通道，本书帮你解惑，**比我读过的其他书籍，都更直接有效。**

杨连瑛

埃森哲互联网
高科技行业
董事总经理

职场有时和打怪一样，需要自我修炼及找到好队友，否则再怎么厉害，也不容易打败大魔王。这本书帮助你快速聚焦，提升自我的核心价值。

周小波

华润集团五丰农产品
（深圳）有限公司
总经理

全书从实用、可操作的角度，以精炼、通俗易懂的语言对如何打开职场上升通道进行了翔实的阐述，从真正意义上为职场人在格局、观念、方向、方法和人脉上构建了一幅立体的开悟画卷，赋能职场新人倍速增长个人价值！

林建武

清华大学
金融工程教授

我们每个人都在社会中设计和优化着一个个产品，却往往忘记了我们自己才是我们终其一生要设计和优化的产品。 个体赋能正是我们实现自我提升和自我完善的重要方法，使我们成为社会需要的赋有正能量的有用个体。

林博文

台湾大学管理教授 &
台大国际产学中心主任

本书是 YouCore 建构思考力与学习力的职场基本功后，在职场上实战，取得信赖资本与赋能自我实现的武功修炼秘籍。

伍必中

中华海峡两岸教育
联合会会长

职场永远是残酷的，很多人一辈子不了解到底在哪儿走"岔"了，此书完美解释。

目录

PART 5

人 脉　不做孤狼，借助别人放大你的能力

前言

深挖底层逻辑，
用正确方法三倍速进阶

人是靠脑力站上生物链顶端的。

几百万年来，人类演化的本质就是脑力占个体的价值比重越来越大。

在原始狩猎的时代，部落中价值最大的人一定是身体最强壮的那个，因为他可以狩猎到更多的猎物。

到了冷兵器时代，一个优秀的将军要懂一些军事谋略，但个体武力一定要高强，就像《三国演义》里蜀国的五虎上将一样，他们最大的标签就是武力高强，其次才是军事谋略。

人类进入工业化时代，因为各种机械的应用，体力在个体价值中的比重急剧下降，哪怕是以武力为标志的军队，个体武力对一名将军来说也已变得无足轻重。

到了信息化时代，不仅体力在个体价值中的比重进一步下降，连基本脑力所占的价值比重也开始快速下降。比如，有了各种自动化记录设备，打字员失去了价值；电子发票开始推广，财务软件进一步自动化，基础会计正面临失业；自动语音翻译技术逐步成熟，一般的翻译员正处于被淘汰的边缘。

在人工智能（AI）可能兴起的未来，一般脑力活动被取代的概率越来越高，未来能在职场立足的人，一定是能够运用高级脑力工作的人。

如果你想更进一步，在人生发展上做到三倍速，甚至十倍速的加速成长，那你必须在掌握正确方法的前提下运用高级脑力才可以，**你掌握的方法离底层规律越近，你成长的速度就越呈现为指数式加速。**

"个体赋能"就是遵循职场发展最底层逻辑，给自己赋予运用高级脑力的核心能力，借助正确的方法实现加速成长。

"个体赋能"跟职场起点无关，只与你的方法有关。你能成长得多高，成长得多快，完全取决于你对人生发展五大底层逻辑认知的深度与做到的程度：

个体能力提升的底层逻辑：（1）格局；（2）观念；（3）方向；（4）方法。

个体能力放大的底层逻辑：（5）人脉。

一、个体能力提升的四个底层逻辑：格局、观念、方向、方法

家庭出身一般甚至是贫困家庭出身，自身能力也谈不上出类拔萃的人，还有没有可能"弯道超车"，在职场上发展得比名门出身、名校毕业的人更快更好？

完全有可能！

弯道超车式成长的人，其实都知道一个秘诀：人生最大的捷径就是得到贵人相助。

但问题在于，为何贵人不助别人，偏偏要助你呢？

只有你提升格局，认知到信任的价值，严格遵守心理契约，才有可能得到贵人相助，走上人生捷径。

为何有的人工作两年，就实现了收入翻倍呢？就是因为他赢得了某位老板、某个朋友的信任，得到了一个跨越式进阶的机会。

这就是你要做到的第一个底层逻辑：提升人生格局。

提升了格局，你就有了走人生捷径的可能，但如果你的一些落后观念不做改变的话，那么这种捷径的机会即使出现了你可能也很难抓住。

我们会忍受不了老一辈人的某些观念，如父母拼命节省的观念，七大姑八大姨喜欢打听你工资的观念等。

其实，每一代人的观念都受了自身成长时代的局限，我们自己也不例外，我们的很多观念也是受自身成长时代的局限的。比如，"一定要学好英语"的观念就来自我们成长时代的经济环境和技术环境的影响。等自动同声传译的技术成熟后，这个观念在下一代眼中可能就过时了。

时代是不断往前发展的，我们所处的社会环境、经济环境和技术环境也正以前所未有的速度在变迁，如果我们的观念不能与时俱进，不能转变之前的落伍观念，就必然会被新时代的职场所淘汰。

比如，在传统"科层制"的公司组织架构逐渐衰退的今天，你依然死守"爬梯子"的传统职位晋升观念，你的职场又岂能一帆风顺？

这就是你要做到的第二个底层逻辑：转变落伍观念。

人类社会的发展正呈现指数式变化。相较于动不动上百万年才发生变化的自然演化，社会变化是以年为单位的，速度是自然演化的上百万倍。

想想这40年来，我们已经经历了多少次的社会变迁，未来的30年到

40 年，这种变迁只会越来越快。

再也没有哪一份职业可以确保我们干一辈子了。

英国工业革命时期，跟不上工业时代的手工作坊主被时代抛弃了，或破产，或沦为城市无产阶级。

第三次工业革命时期，跟不上信息化趋势的企业和人员同样被时代抛弃了，企业破产，自己提前退休。

在新的技术革命即将到来的今天，如果死守现有技能，不具备"可迁移"能力，做不到知识和技能在不同领域间的迁移，你觉得你的职场未来会怎样？

因此，在这个不确定的时代，无论是面对行业的选择、公司的选择、工作地点的选择，还是面对工作方式的选择，你确保自己不会选错方向的唯一应对之道就是：打造和提升自己的"可迁移"能力。

这就是你要做到的第三个底层逻辑：适应时代方向。

同样都是在工作，有人工作了 10 年，只积累了 2 年的工作经验，有人用 2 年的工作经历积累了 10 年的经验。之所以会产生这样的差距，其中的一个关键就是他们工作的方法体系不同。

比如，你能做到 1 周上手新工作吗？你能无论多忙，都可以抓住工作重点吗？你能每做一个项目积累普通人 3 个至 5 个项目的经验吗？你能在工作中系统积累，成为本领域的专家吗？你能在下班后还继续自我提升吗？你能长期保持更高效的学习状态吗？

这就是你要做到的第四个底层逻辑：掌握系统方法。

从上手新工作开始，到工作执行、工作后复盘，再到下班后如何提升、工作外如何有效地学习和保持精力，掌握一套完整的高效工作方法体系。

做到了上面这四个底层逻辑——提升人生格局、转变落后观念、适应时代方向、掌握系统方法，你的个体能力将会大大提升。

二、个体能力放大的底层逻辑：人脉

前四个职场底层逻辑都是在讲如何提升个体能力的。

但个体能力总是有限的，如果能有效运用人脉，你的能力将会得到十倍，乃至百倍、千倍的放大。

如何才能构建有效的人脉关系呢？这就要求你有足够高的"可交换价值"。

你的"可交换价值"= 个体价值 × 可交换系数，因此，你既需要尽可能地提高你的个体价值，又需要尽可能地放大你的可交换系数。

《个体赋能》由 32 篇文章组成，根据五大底层逻辑，分为了五个部分，分别是格局、观念、方向、方法、人脉。同时，每一篇文章都可单独解决一个职场问题。你可以从前往后按顺序阅读，也可以按兴趣阅读。

感谢我们 YouCore 的产品总监缪志聪、高级顾问刘艳艳、YouCore 公众号编辑谭晶美和赵策对本书的付出。在正文中，你会再次与他们相遇。

感谢天地出版社副社长张万文、监制杨永龙和李颖、策划编辑陈素然，谢谢他们对本书的专业付出。

开始为自我"个体赋能"，咱们书里见。

YouCore 创始人 王世民

2018 年 7 月于深圳

PART —1

格 局

决定你人生高度的从来
不是能力，而是格局

有了这种格局，
就能用最小成本走上人生捷径

——以最低成本获取信任

人生到底有没有捷径可走？有。这一篇，王世民老师用 10 多年的亲身体会告诉你，只要有了一定的格局，你用最小的成本就能走上这条捷径。

信任成本是这个社会最大的成本

前段时间，我分别在跟两个客户洽谈企业管理咨询的项目。

其中一个项目金额 300 多万元，涵盖战略、组织、流程以及 IT 产品的落地，内容复杂，咨询难度高，但我跟对方的董事长简单交谈过两次后，就签署合同了。

另一个项目金额只有 20 多万元，咨询内容相对来说简单很多，只是一个财务标准化项目。但是这个项目的客户约我沟通了 5 轮，仅咨询方案我就重复演示了 3 次，第一次是给联系我的财务经理演示，第二次是给财务总监做演示，第三次是给他们老板做演示。

为何金额高、内容更复杂的一个项目谈了两次就签合同了，而金额低、内容简单的一个项目却反反复复沟通了 5 轮呢？

原因很简单，信任程度不同。

300 多万元项目的客户跟我认识多年，相信我们的能力和承诺；而 20 多万元项目的客户是第一次跟我们接触，自然心存疑虑。

这 5 轮交流、3 次演示就是双方不得不付出的"信任成本"。

我们每个人都在支付信任成本，只是你可能没有意识到而已。

举一个例子。

我们为何愿意选择大品牌的公司消费？ 比如，相较于不知名的购物网站，我们为何更愿意选择京东，哪怕后者的价格更高？

所谓品牌公司，实际上就是那些有最低信任成本的公司。 他们的产品或服务虽然看起来报价高，但考虑到可能的风险损失，我们依然会选择这些公司。因此，无论你知不知道，其实我们每个人都已经在为"信任成本"埋单。

如何以最低成本获取信任

信任的获得成本非常高，却又非常容易失去。

有这个认知的人，一般都混得不差，无论是在生活中，还是在职场上。

分享一个真实的故事。

我有一位关系还算不错的朋友。学历不高，本科毕业；能力也谈不上出色，只能算是中上水平。但他 30 岁出头一点，已经是某大型上市集团一个核心子公司的副总经理了。

为何众多资历耀眼、能力出众的青年才俊，离这个位置还差着好几步的时候，他却能捷足先登呢？

原因很简单，他一直跟着现在的领导，从刚毕业时就跟着。

领导去哪儿，就将他带到哪儿。10 年时间，跟着领导到第 3 个公司的时候，他就是副总经理了。

快速成长的人，其实都知道这个秘诀：人生最大的捷径就是得到贵人相助。

但问题在于，为何贵人不助别人，偏偏要助你呢？

其本质就是"信任"！

一个认知到"信任的获得成本非常高，却又非常容易失去"的人，会在职场前期牺牲部分的时间和金钱获取贵人的信任，并尽一切可能长期维持住与贵人的信任关系。

因为，这是信任成本最低、回报最高的做法。

因此，当你好不容易跟到一位值得信任又有能力的老板时，千万不要计较一时的收入得失，因为这是你以最低成本获取信任的最佳时机。

一两年时间，几万元工资而已，不及大学四年投入的一半，但可能换来的是 100 倍、1000 倍的未来回报。

能否以最低成本信任他人

所谓人生捷径，就是以最低的成本得到他人的信任。但能否以最低的成本去信任别人呢？

不管你愿不愿意，你其实都已经在这么做了。

我们生活的世界已经太复杂、太庞大了，任何一个个体都难以再靠自己的第一手经验去认知这个世界。

原来鸡犬相闻、故旧相交的那种纯经验时代，我们再也回不去了。

这个时候，我们只有借助新闻、明星网红、各种大 V 等权威，才能形成对这个世界的一般认知。

这种信任权威，进而信任他们所发布信息的状况，就叫作"委托信任"。

委托信任大大降低了我们信任某条信息的成本，但我们的委托信任，有没有被别有用心的人所滥用呢？

以新闻为例，你真正思考过新闻的本质吗？新闻的本质是不是如西方社会所宣扬的"客观、真实、公正"呢？

错！新闻的本质，其实是在利用你的委托信任，引导你的认知。

新闻尚且如此，随着互联网技术发展，涌现出的各种草根权威更是如此！

因为我们不得不借助委托信任，来判断一条信息是否可信，因此这些能够左右我们判断的各种权威，就成了一种可交易的商品。

我们因为认可这个权威，因此愿意无条件地信任他们所传播的信息，但真相却是，他们已经被收买了，交易的筹码就是我们的委托信任！

这是一个多么可怕的现实。

虽然受限于个体认知的局限，我们不得不通过委托信任来认知这个世界。我们改变不了无法判读一般信息真伪的这个现实，但在涉及我们自身的时候，请不要受信息发布对象的影响，而是要以自己是否真正受益进行判断。

不要因为他是名人，就相信他忽悠你消费的财富自由之道，你自己去试过之后再判断；

不要因为他是教授，就相信他生搬硬套的那些经济学原理，你自己拿真实案例验证后再相信；

不要因为她是网红，就相信她随便推荐的服装首饰，你要自己试穿试戴了再决定买不买。

这个时代，包装出一个网红来，是流水线作业的。

我亲眼见过一位礼仪培训师，是如何在 3 个月内，被包装成了一名励志无比、获奖无数的女性幸福导师，将满大街 9.9 元的商务礼仪与社交沟通，卖出几万元的天价，还无数弟子趋之若鹜的。

在涉及自身的时候，无视信息发布对象的身份，以收益程度的大小来判断产品和服务的价值，才能在一定程度上跳出"委托信任"的大坑。

结束语

信任是这个社会最大的成本。

它的获取成本很高，却非常容易失去，因此，人生最大的捷径就是要以最小的成本获取信任，并将这个信任关系维持下去。

但同时，也要防备"委托信任"的坑，不要以对方的光环，而要以自己的收益大小作为价值判断的标准。

同学互动 ✦✦✦

你赢得老板的信任了吗？你想不想知道别人是如何赢得信任的呢？

关注微信公众号 YouCore（ID：YouCore），回复"互动"，加入同学互动群。

干得好，却拿得少？
你的机会可能来了

——积累信任，实现层级跃迁

人生最大的捷径就是要以最小的成本获取信任，并将这个信任关系维持下去。道理一听都懂，但听了后能做到的人有多少呢？自我检验的机会来了。假如你在工作上做得多却拿得少，你会怎么办？你可以先自己思考一下，再看看王世民老师是怎么说的。

✦
干得好，却拿得少，怎么办

春节后刚上班，我们所有人手头的事情就多得忙不过来了，因此请了一位兼职过来帮忙。

我一天观察下来，发现这位兼职工作水平还真不错，趁着休息间隙，就问她现在念大几了。毕竟，初八能来兼职的，最有可能的就是大学生了。

结果，她却说她去年已经毕业了，春节前辞职的，因为春节后还没有公司招聘，就先做做兼职。

我就很好奇，问她为什么要春节前离职，知不知道春节假期是带薪的。

她说知道啊，但就是觉得上一家公司太不公平，一刻都不想再待了。

她说自己是同一岗位的 6 个人里工作最努力的，部门经理也经常当着其他 5 个人的面说她能力最强，还说准备提拔她做主管，像其他人的 PPT、思维导图这些都是她给培训的。结果年底的时候，却无意中发现她竟然是工资最低的、年终奖也最少。实在憋不下这口气，就辞职了。

"她们做得没我好，却拿得比我多，这么不公平的公司有什么好待的？"虽然过了个年，但依然能从她的语气里听得出不忿。

✦
其实，这种不公平现象职场很普遍

付出的比别人多，拿的却比别人少，这种不公平的现象可能是职场中最普遍的了，每个公司估计都有。

为什么会出现这么普遍的不公平现象呢？

一般的常见原因估计你都清楚，如所在行业或公司的业绩不好啦，老板抠门儿克扣啦，论资排辈搞关系的不正之风啦，等等。

不过，这类原因知道了也没啥帮助，因为你已经很清楚如何应对了：如果自己翅膀已经够硬了，或者你是李逵式的脾气，那就潇洒地直接拿脚投票呗；如果自己翅膀还不够硬，那就忍一忍等时机成熟了再跳。

真正棘手的在于，如果这种不公平现象不是这些原因导致的，你会怎么应对呢？

你是选择留下来继续努力地工作，还是降低付出，拿多少钱干多少事？或者以离职要挟加薪，不加薪就走人呢？

↑
核心原因：你传递出的欲望需求偏低

撇开那些不入流的原因外，导致付出得多却拿得少的一个核心原因在于：你传递出的欲望需求偏低。

比如，两个人在面试同一个岗位的时候，一个人要求的薪资是 1.2W 一个月，另一个人要求的却是 8K 一个月，这就是传递出欲望需求的不同。

如果这两个人最终都通过了面试，那么入职的薪资很可能分别就是月薪 1.2W 和 8K，因为任何一个招聘岗位的薪资都有一个浮动区间，而不是一个固定死的数值。

入职工作一段时间（如半年）后，即便月薪 8K 的这位无论是表现出的能力还是做出的贡献都比月薪 1.2W 的这位强，可是只要月薪 1.2W 的这位也没到不合格的地步，公司也照常会用他。

如果公司的调薪周期比较灵活，可能会给月薪 8K 的这位加薪 25%（这可能已经是绝大多数公司单次薪资上浮的最大幅度了），达到 1W 一个月。

如果公司的调薪周期固定为一年的话，这时可能还一分钱都加不了。

于是，付出与工资不成正比的不公平现象就产生了。

想想看，你到底想从这份工作中获得什么

你从这个案例中得出的感悟是什么？是不是应该提高自己传递出的欲望需求？

看到这里，绝大多数人得出的感悟可能都是如此。

诚然，传递出更高的欲望需求，获得与自己的付出更匹配的工资，这是一件无可厚非的事情。但有没有一个具体的限度，是不是将自己传递出的欲望需求提得越高越好呢？

这就要看你到底想从这份工作中获得什么了。

如果你只是想从这份工作中追求短期的经济利益回报的话（比如，你只想通过这份工作，在 2 年内积累好出国留学的学费），那就尽量传递出更高的欲望需求，直至达到你的能力上限所匹配的薪资。以离职要挟加薪，就是很多人已经成功了的做法。

其实，如果你这么做了的话，大多数情况下会获得高于你能力上限的工资，也就是你的工资会大于你的付出，成为不公平的现象中占便宜的一方。

主动选择成为不公平现象中吃亏的一方

但如果除了工资收入外，你还想通过这份工作更快提升能力、收获人脉、积累阶层跨越的资本，那么你就要适当降低你的欲望需求，至少要做到让你的付出大于你的工资，成为不公平的现象中吃亏的这一方。

这个建议你是不是觉得有病？

举个例子你就不会觉得有病了。

假如你有两个朋友，关系跟你都挺不错的，相互之间也都会帮帮忙，借借钱什么的。朋友 A 就是每次借多少就按时还多少；朋友 B 呢，不仅每次会提前几天还，而且还会主动加上一定的利息。

请问，如果以后两人同时跟你借 50 万元，偏偏你又只有 50 万元富余，你是会借给朋友 A，还是朋友 B 呢？

再进一步，假设你有了一个很好的赚钱机会，要找一个信得过的朋友一起合作，你是更愿意找朋友 A，还是朋友 B 呢？

如果不故意抬杠的话，我们肯定都会选朋友 B。

为什么？因为朋友 B 通过一次次的主动给利息，在你心目中积累了比朋友 A 更多的信任。而这个信任，恰恰是朋友 B 赢得的最大的回报，这个收益是远远大于他所付出的利息成本的。

职场上的发展更是如此！

职场上最不缺的就是专业人才。这也许与你的认知不符，但这就是事实。

我们所有人在职场上发展的最大瓶颈，到最后都不是专业瓶颈，而是被"伯乐"相中的机会瓶颈。

古人云"千里马常有，而伯乐不常有"，就是因为我们人多，专业人才也多，而职场金字塔上层的机会却永远就那么多。

因此，普通人要想实现职场的快速晋升、层级的跃迁，就需要在更高阶层的"伯乐"那里积累足够的信任成本。这个"伯乐"在职场上，就是你的领导、你的老板。

如果你每次的付出都索取了对等的工资，甚至有时索取的报酬还超出了你的付出，那在"伯乐"眼里就是一笔对等甚至有点亏本的交易而已，不会有任何信任的积累。因为他知道，以后你成长了，你就会索取比成长带来的收益还要高的回报，既然如此，他只要愿意出足够多的成本就能找到替代你的人，又何必在你身上浪费一个"千里马"的名额呢？

而如果你能做到付出大于工资，那每一次多于工资的付出，都是一次在"伯乐"心中信任的积累，慢慢地你就成了"伯乐"眼中的"千里马"，他就会愿意培养你、提拔你，因为你是不可替代的。

因此，如果你想在一份工作中快速晋升，得到长期的收益回报，就要不计较暂时的不公平，而是调整好自己的心态，利用一切条件，更快地提升自己，最终你的薪资会远远高于以离职相要挟来的加薪。

由达克效应引发的虚假不公平

其实，除了真实的付出与工资不成正比的现象之外，职场上还广泛存在着一种由达克效应引发的虚假不公平。

达克效应是由康奈尔大学的心理学家大卫·唐宁和他的博士生贾斯汀·克鲁格在 1999 年提出来的。

达克效应的研究起源非常搞笑。1995 年的一天，一个名叫麦克阿瑟·惠勒的壮硕男子，不慌不忙地在大白天抢劫了两家匹兹堡银行，他未戴面具，也没有进行任何伪装，只是带着微笑在监控下出入银行——随即当晚被抓获。在警察给他看监控录像时，惠勒无比惊讶："我抹上果汁了呀。不是都说柠檬汁是隐形墨水、火烤才现形吗？我涂了一整脸！"

唐宁和克鲁格对研究这件事很感兴趣，于是就发现了人类社会广泛存在的达克效应：能力越低的人，越容易产生对自己过高的评价，至少会把自己的能力评价在平均水平以上。

我们每个人都会或多或少地高估自我。比如，80% 的司机都认为自己的技术高于平均水平；当人们评价自我的相对受欢迎度和认知能力时，也会有类似的结果。这主要是因为，当人们发现自己能力不足时，不仅会得出错误的结论，做出不佳的选择，还会丧失意识到自我错误的能力。达尔文在《人类的由来》一书中写道：**无知比知识往往更容易产生自信之心。**

因此很多时候，哪怕我们的付出其实已经小于工资了，但也还会觉得付出与工资不成正比，从而对这种虚假的不公平产生抱怨。

达克效应还有另一种表现：能力越高的人，越会倾向于低估自己的能力。在唐宁、克鲁格的经典研究中，成绩好的学生认知得分均在前 1/4，预测成绩时却低估了自己的能力。这些学生认为，如果这些测试对他们来说很容易，那么对别人来说也一样。

这就是为何面试时，能力强的人有时提出的薪资需求反而会低于能力不足者的原因。因为他们更能认识到自己的不足，而能力不足者往往无法意识到自己的无知。

因此，当我们开始抱怨付出与工资不成正比时，最好能先反省一下我们是否已经不小心陷入了达克效应中。反省标准很简单，就是我们的业绩是不是排在前 20%，因为业绩越靠后，我们越容易对自己做出偏高的评价。

到底要如何应对呢

你是否遇到了"付出与工资不成正比"的不公平问题？

其实，问题从来都不是问题，你会如何应对才是问题。

如果你发现，这只是达克效应在作祟，那就要赶紧从这个认知偏差里走出来了，不要被这种虚假的不公平干扰了心态。

如果确实是付出与工资不成正比，而且还是因为老板抠门儿克扣、公司论资排辈讲关系等导致的，那我鼓励你赶紧准备好自己，换个更适合的地方。

但如果只是因为你传递的欲望需求偏低，导致的付出与工资不成正比，那你就需要认真思考应该如何对待了。

如果你只是想通过这份工作赚取短期的工资收入，那就大胆地传递出更高的欲望需求吧，甚至以离职做加薪的筹码都行。

但如果你想通过这份工作获取更为长期的收益，如更快地提升能力、收获人脉、积累阶层跨越的资本，那就要坦然接受付出大于工资的不公平，因为这能积累领导、老板这些"伯乐"对你的信任，从而帮你更快地实现职场晋升、阶层跨越。

同学互动 ━━━━━━━━━━━━━━━━━━━━━━━━━━ ⬧ ⬧ ⬧

你经历过付出与工资不成正比的情况吗？你是如何应对的呢？

虽然老人们常常告诉我们"吃亏是福"，但其实还有一个要点是，"要有意识地化被动吃亏为主动吃亏"。具体应该如何做到呢？关注微信公众号 YouCore（ID：YouCore），回复"互动"，加入同学互动群。

你不为自己谋私利，
老板不给你开高薪

——如何优雅地跟老板要高薪

获取领导的信任就一定要牺牲工资收入吗？如果你是这么想的，证明你还没能真正悟透信任的本质。这一篇，王世民老师继续告诉你，如何优雅地跟老板要高薪。

煽动牺牲情绪不可取

1961 年，约翰·肯尼迪就任美国第 35 任总统时，在就职演讲中抛出了一句著名的话：不要问国家能为你做什么，而要问你能为这个国家做什么。

这段慷慨激昂的演讲，激发了全体美国人的爱国热情，肯尼迪随后顺利出兵越南。

但这个"天真的爱国时光"很短暂，随着美国在越战的泥沼中越陷越深，人们越来越不知道越战是为了什么。于是在支持和反对的社会撕裂中，爱国热情变成了一地鸡毛！

这种"天真时光"在古今中外的历史中，上演过无数次，每次都是激情澎湃，但事后留下的都是懊恼、悔恨、反思，甚至是族群的撕裂、没落。

比如，中世纪的十字军东征、"二战"的纳粹、日本的军国主义，哪一次不是如此呢？普罗大众在这种牺牲情绪的煽动下疯狂，但最后受伤的，又岂止是普罗大众呢？

你也在"不计回报"地全心全意工作吗

朋友圈曾被一篇爆文刷屏，作者在这篇《就算老公一毛钱股份都没拿到，在我心里，他依然是最牛的创业者》中，将老公塑造成了一位只谈奉献、不谈索取的悲情英雄。

故事的梗概是，老公作为公司的第二位员工和联合创始人，将公司当成自己的小孩、"不计回报"地奋斗了 7 年，在跟老板要求股份的时候，却被拒绝了。

我不知道这个事件的真实程度有多高，也不知道这个事件背后，还有多少没有说出来的真相，但对文中透露出的核心价值观却不寒而栗：只要我抱着奉献的态度在做事，就必须有巨大的回报。

文中三番五次地提及，老公多次表示对工资多少无所谓，对有没有签正式的合伙人协议无所谓，一切都是"等公司大了再说吧"。她觉得老公很有格局！

但其实，越是表面没有要求，就越难满足。因为没人知道应该给你多少才算满足，甚至连你自己可能都不知道怎样才算满足。

越是抱着自我牺牲的心理在做事，心里就会越觉得委屈。哪怕是工作干得不好了、没有贡献价值了，老板也一定要保证回报，一旦没得到期望中的回报，就会非常委屈，因为"我"是在全心全意地为"你"做事。

因此，这篇文章才会将下面老板的这段话作为负面引用："（主人公做出贡献的）那款游戏的分红前年已经分过了……现在不能谈以前的贡献，那些都是过去时了……我如何确定你未来能对公司做出这么多相应的贡献……到时候谁贡献最大谁拿大头，现在都是空的。"

在表面没有个人要求、自我牺牲的心理下，员工感觉自己付出了一切，却未能得到足够回报；老板认为已经论过功行过赏，后面要根据未来贡献再分钱。

于是，做员工的很委屈，做老板的也不满意，员工公众号发文曝光老板，老板发文谴责员工，从称兄道弟翻脸为互撕大战，打得不亦乐乎。

因此，如果没有圣人的胸怀，就不要将自己燃烧得太高尚，否则既煎熬了自己，又灼伤了别人。自己内心的真实需求，要直白地说出来，这样反而能走得更长久。

✦

请主观为自己奋斗，客观为团队创造价值

只提付出，不提回报；只提义务，不提权利。鸡血过后，剩下的就只能是一地鸡毛了。

作为员工如此，作为老板也是如此。

这就是为何我在 2014 年年底创办公司后，坚持下面两点的原因：

1. 不拿未来画饼，而是给每位团队成员力所能及的最高薪资；

2. 不谈个人奉献，而是强调主观为自己奋斗、客观为团队创造价值。

我不希望任何人为了一时激情而来，而希望大家是因为真正看到了 YouCore 对自己的利益而来。

所谓志同道合，本质上就是彼此间利益的交集最大。

因此，与给团队画饼、发更少的薪资相比，这么做虽然更累、挑战更大，却是一个真正的、能长期并肩奋战的团队组建的基础。

✦

为自己工作的方法

并不是所有的公司都认同让员工为自己工作的理念，那要怎样才能做到真正为自己工作，实现个人利益与公司利益的共赢呢？

给你分享一个拿之即用的"个人利益驱动"法。

一、个人：提出你个人的私欲

理查德·道金斯在他的名著《自私的基因》中，说过这么一句话：**凡是经由自然选择进化而来的任何东西，应该都是自私的。**

因此，不要不好意思提出自己的私欲，这是人的本性之一。只有提出你的私欲，并达到一定程度的满足，才能为团队创造更大的价值，也才能在一个团队中真正走得长久。

否则，就像《就算老公一毛钱股份都没拿到，在我心里，他依然是最牛的创业者》一文中的主角，明明想要更多的股份和利益回报，却摆出一副可有可无、以后再说的姿态，结局只能是委屈了自己，伤害了团队。

二、利益：找到私欲与工作内容的利益交集

假设你喜欢写作，未来想成为一名自由作家，因此目前你最想在工作中从事写写画画的工作。但不幸的是，你被安排去做各式各样的活动策划。你会怎么办呢？

被动的选择是，领导安排做什么，我就做什么，最后只能混上一段工作经历后跳槽。这种混工作的做法，其实既耽误了自己，又伤害了团队。

主动的选择是，主动跟领导协商、争取，从活动策划换成可以写写画画的工作，这样既满足了自己的私欲，又发挥特长提升了工作绩效，为团队做出了更大的贡献。

不过，更多的情况可能是公司目前不缺写写画画的人，只缺活动策划。在这种情况下，你也可以去挖掘活动策划中需要写写画画的部分，自己实际去做，并争取做到很棒。这样一是满足了自己的私欲，二是也为自己创造了更多机会。

三、驱动：以实现个人私欲为驱动去完成工作

即使写写画画是你私欲与工作的利益交集，但如果你将它作为别人提出的要求，你就会应付，开始为过程而工作；反之，如果你将它当成自己要做的事情，你就会120%地投入，为结果而努力。

因此，千万不要以工作要求为驱动去完成工作，而要以实现自己的私欲为驱动去完成工作，这样才能真正实现个人利益与公司利益的双赢。

当然，我们的私欲多种多样，有显性的物质利益，也有隐性的能力提升、人脉积累等；有短期的、收益小的私欲（如更高的月薪、更多的提成），也有长期的、收益大的私欲（如公司股权、个人理想的实现）。

如果有机会的话，建议你还是以长期的、收益大的私欲为驱动，哪怕有时候牺牲部分短期利益也值得。因为这类私欲能给你更大的驱动力，一旦实现，能带给你更大的满足感。

通过上面的个人、利益、驱动这三步，如果老板人好心善，那是幸运和福气；即使老板不行，你也在工作中得到了你想要的，两无怨恨。

结束语

任何只提付出、不提回报，只提义务、不提权利的人，都是在耍流氓！

因此，如果你目前在带团队的话，真心建议你主动提出回报和权利，鼓励成员为自己的私欲工作。这样反而能建立一个志同道合、长期并肩作战的优秀团队。

如果你立志成为一位优秀职业经理人的话，请树立为自己工作的理念，光明正大地提出自己的私欲，并勇于在工作中去实现，这样反而能为团队创造更大的价值，与团队走得更远。

同学互动 ──────────────────────── ✦ ✦ ✦

你有和老板开口聊过自己的私欲吗？或者看完这篇文章后，你有什么打算？想看看大家都是怎么和老板谈薪水的？关注微信公众号YouCore（ID：YouCore），回复"互动"，加入同学互动群。

老板喜欢什么样的员工，
如何获得信任

—— 遵守心理契约

人生最大的捷径是以最小的成本获取贵人的信任，但这个信任到底怎样积累呢？前面已经告诉我们，仅仅不计较一时的薪资得失，不仅积累不了信任，反而会伤了自己。这一篇，缪志聪老师为你彻底揭示老板真正信任的员工是什么样的。

工作结果不可控，老板最纠结

我刚工作的时候，有位关系还不错的同事。

他比我早一年工作，能力相当不错，工作也很努力，一般人搞不定的工作他一出马，三下五除二就做完了。我们当时都认为，像他这样的人在公司应该很受重用吧。

可奇怪的是，等我都做项目经理了，他还是小兵一名。

当时一直很困惑，觉得可能是老板不喜欢他，所以屈才了。直至后来，我带了一位跟他很像的下属后，才解了这个困惑。

这个下属能力强，工作上也舍得投入，但就一个毛病：对目标讨价还价。

每次我安排一个略有挑战的目标给他，他总是会说，这个做不到吧？我要一再坚持，他才会勉强接受。

他的工作结果往往也非常不可控，给他定的目标有时能做到，有时做不到。因此，每次给他安排工作我都很纠结：安排简单了吧，浪费了他的能力；安排关键的任务吧，心里又没把握他这次会完成。

这时我才真正体会到，老板最喜欢的可能不是能力强、工作努力的人，而是不违约的人。

这个违约的"约"不是进公司时签的劳工合同，而是**"心理契约"**。

什么是心理契约

所谓心理契约，是指任何时刻都存在于个体与组织之间的一系列没有明文规定的期望。

简单来说，心理契约就是老板与员工对相互责任的期望，这种期望是隐性的，所以不像合同那样容易达成共识。

比如，你天天熬夜加班，苦活累活抢着做。你以为自己很努力，但老板的心理契约中对你的期望是最终工作完成的结果。

你向老板反映自己目前的工作太简单，对能力提升没有帮助，你以为自己很上进。但老板的心理契约中希望的是你能首先从公司成长的角度考虑问题。

你一次次违背老板的心理契约，叫他如何爱上你？

那如何才能做到遵守老板的心理契约，让老板喜欢上自己呢？

♠
让心理契约显性化

心理契约是隐性的，为了能更好地遵守，首先要将其显性化。

显性化的方法就是**在适当的时间找老板聊一聊，谈一下他对自己的期望。**在谈期望之前，先要了解老板的投入。

一方面，老板对于一个员工的投资，不仅是合同上看得见的薪水奖金，还有员工在工作过程中公司的费用和公司的机会成本，后者的成本要比前者多得多。

另一方面，无论大家承不承认，员工都有可能在某个时间离开公司，也就是说，老板对于员工投入再多，结果员工一离职一切就要重新开始。

老板想栽培员工，又担心辛苦栽培之后自己还没有收获成果，就给别人做了嫁衣，所以老板也很纠结。

对于新员工，一般前期都是试探性投入，确认了忠诚度，才敢大幅度投

入，谈期望的时候自然也会有所保留。

那如何才能比较快地打破这种疑虑，开诚布公地畅谈老板的心理契约呢？

有人说要表忠心，比如表态跟随老板一辈子。大家如果都不熟，换作你是老板，你相信吗？

其实，更好的做法是将老板的期望与自己的能力提升关联起来，比如，老板提出期望后，主动向老板征询需要提升哪些能力，才可以将工作做得更好。

这样，老板既可以看到你对工作负责的态度，也可以看到你认可工作对自己的提升，互惠互利的关系才是最稳定的，老板也就更愿意坦诚相见。

对心理契约定期更新

心理契约不仅是隐性的，还是动态的。

第一次和老板讨论了心理契约之后，还要定期就心理契约的完成情况进行沟通。看看是否有双方理解不一致的地方，这样就不会重现自己拼命努力，老板却不认可的悲剧。

当第一次讨论的心理契约已经基本完成的时候，就可以进入下一份心理契约的讨论。

第一次的时候，老板对你不了解，所以对你的期望不是为你量身定制的，更多的是一种对新员工的通用期望。这种通用期望完成之后，老板对你加深了了解，期望也会更加具有针对性。

期望达成得越多，老板对你的投入也会越多。如果连通用的期望都没有达成，老板自然不敢贸然投入。

比如，你向老板反映自己目前的工作太简单，对能力提升没有帮助。但事实是你连这么简单的工作都没有做好，已经违约在先，老板就很难给你新的心理契约。

心理契约破裂时要及时弥补

是契约就有破裂的可能，心理契约破裂的情况有三种：

一、理解歧义

心理契约具有主观性，身经百战的老板与初入职场的新人对其中的内容存在认知差异。

为了避免由于理解歧义而导致的契约破裂，我们在前面的步骤中强调了要让心理契约显性化，定期对心理契约进行更新。

二、无力兑现

彼得原理认为：**在一个组织的等级阶梯中，每一个员工都趋向于上升到他所不能胜任的地位。**

对应到心理契约中，之前契约中的内容顺利完成，老板自然会在下一个契约中提高对你的期望，直至新的期望你无力兑现。

当你无力兑现的时候，该怎么办？

有的人喜欢将无力兑现的原因都归结于外部客观环境，但老板不喜欢这样的解释，因为这对结果没有帮助。

还有的人比较老实，既然老板不喜欢听解释，就默默地抛出问题。遇到问题的时候，老板不喜欢做问答题，而喜欢做选择题，比较好的做法是抛出问题的同时给出自己的几个解决方案。这些解决方案涉及的人不一定只是你自己，可以是一切有利于问题解决的力量，至于是否动用，老板会有相应决策。

也许正因为这个方案，本来你只是单兵作战，现在就要带领团队了。

三、有意违约

联想公司在大裁员的时候，盛传了一篇文章《公司不是家》。柳传志的回应中有这样一段：

"我在想，一个企业应该遵循的最根本原则就是发展。只有发展才能做到为股东、为员工、为社会几个方面负责；而从发展的角度出发，企业就必须上进，内部就必须引进竞争机制。

"员工在联想既有感到温馨的一面，更会有奋勇争先而感到压力的另一面，因此不能把企业当成一个真正意义上的家是必然的。在家里，子女可以有各种缺点，犯各种错误，父母最终都是宽容的。企业则不可能是这样的。"

公司不是家，那老板与员工之间是什么关系？只是雇佣与被雇佣的市场关系吗？

实际上，老板与员工的关系更多的像是一个联盟，一个团队。就像在球队中，老板帮助球员成长，球员也反过来让球队变得更强大。

当某一天，你因为个人原因要离开老板，也就是"有意违约"的时候，并不是就要"一刀两断"了，这种联盟成员之间的关系还一直存在，以前的老板可以变成现在的朋友。

离职前，找到合适的交接人，交接好手中的工作，善始善终。离职后，之前工作单位有需要帮忙的，及时伸出援助之手，与以前的战友互帮互助。

这样的员工，也是老板喜欢的员工。

也许某一天帮助你的就是你以前的老板。

结束语

职场上，老板最喜欢的从来不是能力强、工作努力的人，而是严格遵守心理契约、不违约的人。

想要遵守和老板的心理契约，就需要我们在以下三个方面努力：

1. 让心理契约显性化；

2. 对心理契约定期更新；

3. 心理契约破裂要及时弥补。

这样，不仅能在合作时加速成长、升职加薪，甚至你离职后，老板都是你的朋友，成为你人生的助力。

同学互动

你有定时和老板沟通，并接收他的反馈吗？不妨试着养成这个重要的工作习惯。

如果在沟通过程中出现了任何问题，在"框架的力量"社群中可以随时提问，有 5W+ 伙伴帮你出谋划策。关注微信公众号 YouCore（ID：YouCore），回复"互动"，加入同学互动群。

打工者思维，
到底谁更受伤，你还是公司

——建立整体意识和结果意识

前几篇，我们一直在讲如何获取老板的信任。但其实我们工作不该是为了老板，而应该是为了自己。这一篇，刘艳艳老师告诉你，如何才能真正做到为自己工作。

打工者思维让人变成职场"怨妇"

功爷是我打小就很要好的朋友。

之所以叫"功爷",是因为他从小学一年级开始,学习非常用功。大学毕业后,他去了一家民营公司工作,整天都很忙,平日下班叫他出来吃饭,他都很少有空。

用他的话来说就是:"加班才是我的生活。"

但大半年后,功爷的画风就变了,开始跟我们抱怨:"我努力工作了大半年,公司却一点工资都没给我加……"

然后,不知从什么时候起,他就成了祥林嫂,每次跟我们聊天都不断地重复:"这工资实在太低了!"

"工作能拖就拖吧。"

"唉,又加班……"

三四年后,一起玩的几个朋友有工资翻了两番的、有担任财务经理的、有自己创业成功的,就功爷的工资变化不大,各种抱怨也几乎没变。

每次跟他建议:你这么不满意,干脆就跳槽呗。

他又说:"哪有这么容易,我现在这个水平,去哪儿还不是都差不多。"

功爷是个好同学,人踏实、肯吃苦,作为他的发小,我是知道的。但为何这么好的功爷却成了职场"怨妇"呢?

最大的毛病就出在打工者思维上。

最受伤的其实是自己

打工者思维就是抱着为别人做事的心态，而不是为自己做事的心态在工作。

当抱着这样的心态工作的时候，你潜意识里就开始以交易价格来衡量工作了：今天我为你工作了 9 个小时，比法定时间多了 1 小时，你应该多发我 1 个小时的加班费，否则下次我就不加班了；这半年来我工作非常努力，你应该有所表示了，否则以后我就不努力工作了。

殊不知，在这种心态下，最受伤的其实反而是我们自己。

打工本质上确实就是个人劳力智力付出与工资之间的交易，但如果你做一份工作，仅仅是这个交易的话，那你可能很难干好一份工作，也很难工作得舒心。特别是刚入职场的年轻人，如果将一切工作内容都以工资来衡量的话，那么最后受伤的反而是你自己。

就像功爷，他努力工作大半年后，发现公司并没有如他所预期的给加薪。于是，他觉得吃亏了，就开始拖、开始混，进入下面的恶性循环：

最后的结果就是自己的能力没能得到成长，自己不满意，但又难以跳出目前的这个圈子。

✦
请把工作当成自己的事业

那要怎样才能摆脱打工者思维呢？方法很简单：把工作当成自己的事业来看待。

工作承担着你做的事情，而事业为我们提供了更高层次的目标方向感。

抱着做工作的心态，你仅仅是在完成他人交代给你的任务。而事业是长远的目标，意味着你是在为自己的未来而努力。有了这个认知，你就不会为一时的吃亏而愤懑、不会遇到困难就退缩，只有这样才能真正突破自己的限制。

那万一我现在做的工作连喜欢都谈不上，又怎么能当成事业来看待呢？也许你有这样的疑虑。

两个办法：

1. 重新去找一份你愿意当成事业来做的工作；

2. 将现在这份工作当成在为你将来的事业充电、打基础，着重提升自己的思考能力、学习能力、沟通能力等可迁移的基础能力。

那具体又要怎么做，才能真正做到把工作当成自己的事业来看待呢？这就要建立整体意识和结果意识了。

✦
建立整体意识，提升高见和远见

整体意识，就是在职场中面对问题时，要尽量从整体利益而非局部利益出发，从长远利益而非短期利益出发。

像我们 YouCore 的吴小框同学就很有整体意识，他虽然做的是社群运营工作，但他关注的从来不是自己的工作一角，几乎每次听他分析问题都是站在公司整体角度考虑的，而且分析事件影响时总能想到公司的长远利益。

于是他就成了 YouCore 团队年龄最小，但是进步最大的 95 后。要做到像小框这样拥有整体意识，就要努力做到以下两点：

1. 要站在更高位置，把自己当成公司的老板，即"高见"；

2. 要将眼光放长远，关注当下，更要关注未来，即"远见"。

✦
拥有成果意识，增加自身价值

所谓结果意识，就是要锁定目标，并为目标执行的结果负责，而不是单纯地执行命令，为自己的失败找借口。

在职场中做事有三个层次：1. 只完成过程；2. 努力实现目标；3. 对结果负责。

第一个层次就是打工者思维的典型表现，反正是为你工作的，你说什么我就做什么，我尽力了就行。

第二个层次介于打工意识和结果意识之间，会关注目标，并且会为目标去努力，但不承担目标未能实现的责任。

第三个层次就是拥有结果意识的做事方式了，绝对会去实现目标，万一目标没有实现，哪怕主要是客观原因造成的，也不找任何借口，而是勇于承担责任。

只有以第三个层次做事方式工作，才能在职场中快速成长。

因为一旦树立了结果意识：

1. 你在做每一份工作的时候，都会最大限度地发挥你的能力、调动一切资源，甚至会超常发挥；

2. 即使目标没实现，你也能找出自己的不足加以改善，并争取在下次做得更好。

像我的前同事悦悦就是结果意识非常强的人。她做事的时候，不仅有着很强的目标导向，而且还勇于对结果负责。

有一次我跟她一起做一个财务咨询项目，因为突发情况，公司承诺的一位专家顾问不能来支持项目，结果导致客户对我们的专业水准很质疑，闹着要退款。

碰到这样的情况，一般人可能就算了，而且这是公司的责任，也不会归罪于她。但她牺牲了国庆 7 天休息时间，将资金集中管理的专业知识好好地学了一遍，硬生生地扭转了客户印象，最后这个项目还被客户评为年度优秀项目。

正是因为悦悦有着这样的结果意识，虽然她工作才 5 年多，但她的专业水平、咨询能力成长得非常迅速，前段时间听说她已经升为公司的咨询总监了。

对结果负责，才能使个人的注意力不为本身的专长所限，不为本身的技术所限，不为本身所属的部门所限，敢于突破自我限制，从而成长得更高、更快。

♟

结束语

在工作中，我们常常听到这样的抱怨：就这么点钱为什么要好好干？加班又没补贴，那么晚下班干什么？公司又不出钱，我才不去考这个证呢。

这就是典型的打工者思维在作祟。

要摆脱这种思维，让自己在职场上成长得更高、更快，就要学会把工作当成事业，建立整体意识和结果意识：站得更高，想得更远，并且敢于为结果负责。

愿我们一起努力"不再打工"！

同学互动 ♟ ♟ ♟

很难把工作当成事业？"框架的力量"社群已经有一群在工作中为自己出力的伙伴，关注微信公众号 YouCore（ID：YouCore），回复"互动"，加入同学互动群，进群看看他们是怎么做到的。

1.6

为何优秀的人
都不看重外在

—— 真正优秀的人都是低调的

◇

读完前面几篇，相信你已经知道如何处理自己与老板的关系、自己与工作的关系了，但归根结底，我们还要知道如何做好自己。这一篇，缪志聪老师告诉你，如何做一个更优秀的自己。

♟
优秀的人都不看重外在

　　金庸小说《天龙八部》中有一位扫地僧，隐居于少林寺藏经阁数十年，每日以扫地为功课，大家都不曾注意到他的存在。直到武林大会，他轻松收服了萧远山和慕容博两位绝顶高手才为人所知。

　　上初中的外甥自从看了这段后，就疯狂地崇拜上了扫地僧，说他"智慧与风范并存，深藏功与名"。

　　我当年看这一段时也很有感慨，便告诉他："人家是太过优秀，真正优秀的人都是低调的，不看重外在的排名和声誉。"

　　这次春节回去，他妈妈拿出他期末考试的成绩单，告诉我说他这次在班上名次下滑了不少。

　　他故意打马虎眼："真正优秀的人都很低调，从不看重名次。"

　　说完后，他还狡黠地望向我："舅舅，你说是不是？"

　　"是的，但你说说为啥优秀的人会低调呢？"我问。

　　他默不作声了。

　　其实无论是在生活中，还是在职场上，几乎所有的人都在告诉我们优秀的人是低调的，但至于为什么，却很少有人说得清。

♟
优秀的人为什么都很低调

　　优秀的人低调的原因，大抵分两种。

原因一：对自我有更高的要求

我太太一个同事的女儿读小学，前不久因为搬家，转了学。到了新学校后，平时不显山不露水，但在学校的文艺演出中却一鸣惊人。

大家都说她太低调，才艺这么好平时却一点儿都不展示，也从来不见她沾沾自喜。

后来太太告诉我，她转学前的学校是一所试点创新的实验小学，在那儿的学生琴棋书画都是标配，她这样的水准放到那儿也只能算平平而已。

所以，当大家对她赞不绝口的时候，她已经知道山外有山，实在是高调不起来。**别人眼中的低调，在真正优秀的人自己眼中也许只是平庸。**

比如，有一些人上了一所还不错的大学后，就喜欢到处炫耀我是"211"高校毕业的。而真正优秀的人，哪怕只花了3年就从清华大学毕业到美国顶级名校读博了，也还会觉得自己相较更优秀的人还有差距，一点儿都不张扬。

原因二：动力来源于自己的内心

低调是为了生活在自己的世界里，高调是为了生活在别人的世界里。

真正优秀的人，对自我有着非常客观的认知，他们既谦逊又自信，已经不需要通过向别人高调展示自己来汲取动力了，内心才是他们真正的动力之源。

其实，如果你注意观察，就会发现越是有本事的人，越不屑于去炫耀什么，而是在低调地干着实事。相反，越是没本事的人，越爱高调，总是要通过表面的奢华和吹牛来凸显自己的"能耐"。

就像一些通过煤炭、房地产起家的土老板，动不动就喜欢买一辆过千万元的豪车，办一场超豪华的世纪婚礼。而真正靠实力起家，对社会更有价值的企业家往往很低调。

比如任正非，掌管着营收过6000亿元人民币的华为，却独自在上海机场深夜排队打车。

比如马克·扎克伯格，Facebook 市值超过 2300 亿美元，个人财富 334 亿美元，然而他日常出行却只开着一辆 1.6 万美元（约 10 万元人民币）的本田飞度。平时出行非常低调，没有保镖，没有随从。

他们低调，因为他们已经从自己做的事情中找到了自己的价值，不需要再通过任何外在的炫耀来获得认可。

为人得低调，但做事要高调

真正优秀的人是低调的，但这并不意味着你要低调得隐形，否则在职场上就没有你什么机会了。

低调只是一种做人方式，你还要能高调做事，充分发挥自己的影响力。

那应该如何**低调做人、高调做事**呢？

其中一个简单可行的方法就是，通过线上网络扩大影响力。线上网络，既可以有远超线下的影响力，还可以保持线下的低调。任总动不动就在网络上疯传的华为内部万言书就是一个很好的例子。

那具体如何在网络上扩大影响力呢？

你可以运用著名社会学家罗伯特·西奥迪尼提出的影响力三大原则：

一、喜好原则

我们大多数人容易受到自己熟悉以及自己喜爱的人的影响，所以找到这批你熟悉或与你具有相似性的人群就是迈出去的第一步。

1. 相似性

我们喜欢那些与我们相似的人，无论是背景、价值观还是其他，都更容易引起我们的好感。

所以整理一下自己的工作成果或者行业感悟，在网上发布给一些与自己背景类似的群体，如各种行业论坛、行业群就是一个不错的方法。

2. 熟悉性

熟悉感会让人产生下意识的喜爱，我之前在朋友圈里读过某青年作家的一篇文章，文字中有种生活化的朴实。之后有一次去家附近的书店买书，恰巧碰到书店举办新书分享会，虽然门口放着巨型海报，但我也未加留意。直到后来听到旁边有人小声打电话说："我正在××的新书发布会呢。"我才想起来看过他的一篇文章，至于文章讲了什么就实在想不起来了。

其实这家书店时不时会有作家过来分享，但即使宣传海报做得再精致诱人，我也从来都没停留过，偏偏只有这次我在分享会上待了半个小时，临走时还带走了一本他宣传的新书。

我后来回想自己的整个决策过程，大概就是"哦，我知道这个人"，"哦，他出新书了，那买来看一下"，都源于最初知道他名字的那份熟悉感。想要在职场上打造影响力其实也是这个过程，经常在行业论坛、行业群发布自己的作品，时间长了，大家会对你更认可。

二、社会认同原则

人们会跟随身边人的行为，特别是那些看上去和他们相似的人。要使社会认同原则发挥最大威力，有两个条件：不确定性和相似性。

比如，你去参加面试，对面试官来说，你的能力、你未来的表现都存在很大的不确定性，这就存在决策难度，他们很希望能看到别人对你的评价。

如果你能给他看自己在行业论坛或者社群的表现，这就体现了相似性。因为有很多和他类似的人，如果别人对你好评如潮，基本面试官就被征服了。

三、权威原则

人们喜欢遵从专家和权威人士的意见。

之前有一个朋友会定期在博客记录自己的技术感悟，正好有位微软的技术经理在搜索技术问题的时候，进入了他的博客，对他很欣赏，主动推荐他去微软工作。

只要遵从前面的喜好原则和社会认同原则，经常在行业论坛、博客分享自己的行业理解，一定会受到越来越多的人关注，其中不乏行业里的权威人士。

如果能得到他们的认可和推荐，要比自己高调地自吹自擂高效得多。

即使没有得到权威人士的推荐，如果你在行业论坛里成为小 V，甚至大V，这样的标签同样具有权威性，职场之路必然越走越开阔。

♟

影响的三大原则

你是否担心自己有点低调了？

不要紧，因为真正优秀的人都是低调的，这说明你对自己有着更高的要求，你的动力来源于自己的内心而不是外部的评价，这会让你成长得更快、更高、更远。

但低调的是做人，而不是做事。相反，你要高调做事发挥自己的影响力。其中一个简单可行的方法就是通过线上网络，运用影响的三大原则：**喜好原则、社会认同原则、权威原则**。这样既能保持你的低调，又能充分发挥你的影响力。

同学互动 ———————————————————— ↟ ↟ ↟

　　想要通过线上网络扩大影响力却没有渠道？

　　YouCore 的微信公众号每周都会面向十几万读者推出干货文章，如果你有职场、学习和价值观类的内容愿意输出，不妨投稿给我们。

PART —2

观 念

扭 转 观 念，
你 的 发 展 再 无 瓶 颈

抛弃传统

"爬梯子"的观念

——走没有瓶颈的"内职业发展"路径

———◇———

职场遇到瓶颈是大多数职场人心中的痛。那有没有办法突破职场瓶颈，甚至彻底摆脱职场瓶颈呢？还真有！这一篇，王世民老师给你一个完全不一样的职场发展方式。

传统"爬梯子"的职业发展方式

我有一个同学,刚大学毕业就进了现在这家公司,这十多年来一路"爬梯子",3年前总算爬到了集团 IT 部副部长的位置。

之前还好,但从半年前开始,每次跟我联系他都在抱怨。

抱怨公司没活力,因循守旧,他提了好几次内部系统数据集成的方案,但领导们都嫌他没事找事,不愿批;抱怨公司晋升机制不公平,他明明资历和能力都满足,但不提拔他,却调了个外行来做部长。

后来怨愤越来越大,抱怨新来的 IT 部长什么都不懂,还什么都爱管,到处瞎指挥。

一开始我还附和他几句,后来实在听烦了,就随口回了他一句:实在做得难受,换一家公司呗。

这不说还好,一说就听他倒了一缸子苦水:我们这个岁数(都过 35 岁了)还有哪个地方要呢?人家华为都在清理 34 岁以上的员工了;我在公司待了这么多年,大部分技能也就在这家公司好使,换家公司就没用了,哪儿那么好找个 IT 老大的位置……

其实,核心问题不在于年龄,也不在于在公司待的时间太长,核心问题在于他这种"爬梯子"的职业发展方式,必然会碰到现在的问题。

传统"爬梯子"的弊端

传统"爬梯子"的职业发展方式,是以工作职位的晋升为主线来规划职业发展的。比如,在多长时间内晋升一级,在多大岁数前晋升到什么职位。

这种"爬梯子"的发展方式是建立在传统"科层制"的公司组织架构之上的。

"科层制"的公司组织架构起源于工业化时代，进入了信息化时代之后其对现代公司发展的不适应性已经越来越明显。

虽然组织架构的发展一般都会滞后于组织的发展，但最终随着组织发展的需要，旧的组织架构必然会被变革。

未来的公司组织架构会是什么样，我们还不知道，但起源于工业时代的"科层制"组织架构正在逐渐丧失它的生命力是一个不争的事实。

当"科层制"都没有了，皮之不存毛将焉附，你还怎么走"爬梯子"的晋升之路呢？

即使不考虑未来，就只将眼光放在当下，"爬梯子"的发展方式也有着三大弊端。

对公司的依赖度高

采用"爬梯子"方式发展的职场人，对某一公司的依赖度非常高，他们的能力和积累的资源往往是公司定制版的，一旦离开了公司加持，就很难找到薪酬和职位相匹配的新工作了。

碰到职场瓶颈是超大概率事件

"科层制"的组织架构是金字塔形的，而且有些公司的金字塔还是特别尖的那种，上层的职位相较下层的职位要少很多。

随着你在职位晋升的"梯子"上逐渐往上爬，你很快就会遇到一大批跟你同样在往同一个职位爬的人，除了一个幸运儿能通过瓶颈外，其他人就全被挡在瓶颈这里了。

抵御公司变化的抗风险性差

公司每一次发生业务转型，或者组织架构大调整，对"爬梯子"的职场人而言都是一次巨大的风险，很可能辛辛苦苦爬了十多年，一夜就回到"解放前"了。

即使公司不发生任何大的变动，"爬梯子"的职场人也会面临着工作职责、工作地点随时被调整的风险。

能力规划的优势

"爬梯子"的发展方式如此受限，那有没有一种更好的职业发展方式呢？

有的！走"内职业发展"的方式。

所谓"内职业发展"，本质就是以能力规划代替职业规划。

相较于"爬梯子"的职场发展方式，这种发展方式有两大优势。

优势一：不怕选错公司

"内职业发展"关注的不是外在的职位晋升，而是个人内在能力的积累，这种内在的能力包括素质、技能和知识。

因此，无论你在哪家公司工作，你所提升的素质、能力，积累的知识和经验都不再是单一公司定制版，而是跨公司通用版的。

换句话说，你再也无须担心是否选错了公司，因为无论在哪家公司工作，你的能力都会提升，而且这个能力非常有助于你迁移到下一份工作中去。

走"内职业发展"方式，你会发现如同身处"北极圈"一样，随便往哪个方向走，你都是往南出发，根本不会出现方向偏差。

优势二：更大的职业自由

走"内职业发展"方式，你的核心竞争力来自你自身的能力，公司是对你职业价值的放大，而不是你职业价值的主要依赖对象，与"爬梯子"的人相比，你会拥有更大的职业自由。

你可以选择留在一家公司，从一而终；你也可以换家公司，将你的知识和技能做更大价值的置换；你还可以自己创业或从事自由职业，过一个自己说了算的职业生活。

"内职业发展"这么有优势，那要怎样做能力规划，才能实现更好的"内职业发展"呢？

如何做好能力规划

按照下面三步，你就可以脱离纸上谈兵，更实操地在工作中完成能力的规划、成长和迭代了。

第一步，构建个人"能力树"

"内职业发展"的本质是个人内在能力的积累，而要积累个人内在能力，你的知识和技能就不能像"杂草"似的杂乱无章，而要能围绕着主干，成长为一棵"树"，构建出个人能力体系后，才能实现更好的"内职业发展"。如下图所示。

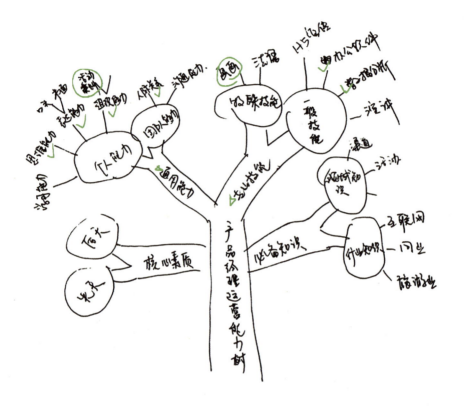

　　个人能力体系的划分方式有很多种，各种岗位能力模型也层出不穷，但从"内职业发展"的需要出发，我给你推荐一个可迁移性最好的框架：核心素质、通用能力、专业技能和必备知识。如下图所示。

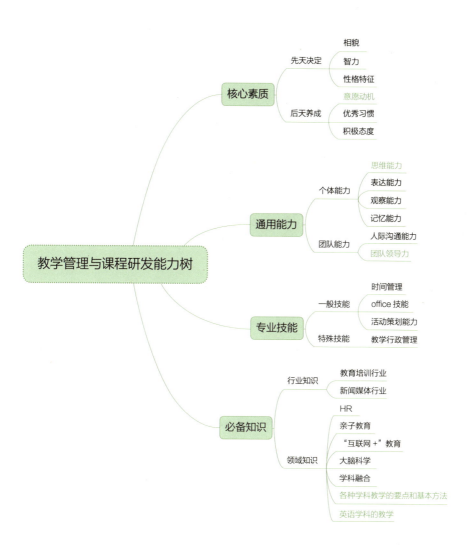

YouCore 训练营学员 Ella 的能力树

构建能力树的时候，一开始不要很完美，按照上面的框架先搭建起来就行，以后你会有无数的迭代机会让它变得更完善。

能力树构建出来后，还只是完成了能力体系框架的梳理，你要将它转变成你的个人知识体系，这样才能在后续的工作和学习中系统地沉淀和迭代。

基于我们这么多年的实践，建议你选用微软的 OneNote 笔记作为承载工具。如下图所示。

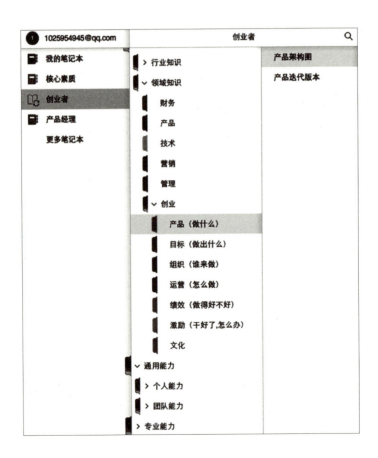

YouCore 训练营学员徐泉的 OneNote 笔记截图

特别说明：印象笔记、有道云笔记更适合构建个人知识仓库，而非个人知识体系。关于知识仓库与个人知识体系的区别，以及具体如何使用 OneNote 构建个人知识体系，你可以参考王世民所著的《学习力》中的相关内容。

第二步，以工作目标驱动

个人"能力树"构建完成后，你就要不断地提升能力去壮大这棵"树"，让"枝干"越来越粗、"叶子"越来越茂盛。

作为职场人士，很难有时间专门学习，职位越高越是如此，因此最好的方法就是以工作目标为驱动，在工作中学习和提能（提升能力）。

你可能会有困惑：以工作目标为驱动，跟"爬梯子"的发展方式不又一样了吗？

形式上一样，但本质上却大不相同。"爬梯子"对照的是职位差距，而"内职业发展"对照的是能力差距。

设定了工作目标之后，你就能识别出能力差距，从而拟订提能计划，将纸上的"能力树"转化为实际的行动。如下页图所示。

第三步，不断提升可迁移性

"爬梯子"的发展方式之所以会让一个人极大地依赖公司，根源就在于在这种发展方式下，人的能力不具备可迁移性，你的绝大多数知识和技能必须依托某个公司的具体环境才能实现价值置换。

因此，你在执行提能计划时，要尽可能地将工作方法提炼成更一般的规律，这样这个方法所对应的能力、技能和知识的可迁移性就会大大增强。

举个例子。

假设你是一家公司的互联网运营，你的工作包括群发产品上线通知、写

以工作目标为驱动的提能计划示例

产品经理能力树 - 1.0 版本 - 徐泉

一级分类	二级分类	能力项	组织能力	是否可迁移	优先级	掌握程度（2016）	掌握程度（2017）	2018目标	提能计划
			情商	N		/	/	/	
		外貌		N		/	/	/	
		智力		N	3	/	/	/	
		性格特征		N		/	/	/	
		意愿与动机		Y	5	90%	90%	90%	2016年IC型→2017年ID型
		积极态度		Y	5	90%	90%	90%	创业者心态
		优秀习惯		Y	5	80%	80%	80%	成长饥渴感
		思维能力		Y	5	70%	85%	90%	道法术、同题本质、系统思维、大局观、复盘
		学习能力		Y	5	80%	85%	90%	迁移学习
		表达能力		Y	3	60%	70%	80%	演讲、专业的产品技能表现
		观察能力		Y		80%	85%	85%	
		个人沟通能力	组织会议	Y	4	85%	90%	90%	抽象高效开会的方法论
			跨团队沟通	Y	4	75%	80%	85%	
			向上沟通	Y	5	70%	70%	70%	
		团队领导力		Y	2	65%	70%	75%	
		时间管理		Y	3	65%	70%	75%	
		数据分析		Y	2	45%	50%	60%	
		office技能		Y	3	65%	70%	75%	
		项目管理	项目计划	Y	4	60%	65%	75%	产品掌控力待提高
			项目推动	Y	4	60%	65%	75%	产品掌控力待提高
			研发资源统筹	Y	4	60%	65%	75%	产品掌控力待提高
			团队招募与建设	Y	2	50%	50%	50%	
		需求分析	行业	Y	4	60%	70%	80%	产品掌控力待提高
			市场	Y	3	30%	50%	60%	
			用户研究	Y	5	75%	80%	80%	
			场景法	Y	5	70%	85%	85%	
		产品设计	用户体验	Y	4	70%	70%	70%	
			MVP、送代能力	Y	4	60%	65%	75%	产品掌控力待提高
			正确的功能	Y	5	70%	80%	85%	
		技术能力	了解前后端技术	Y	4	60%	70%	75%	
			了解不同需求的技术本实现难度	Y	5	60%	65%	75%	
			能够评估产品的技术开发成本	Y	5	65%	65%	70%	
		设计能力	交互设计	Y	3	75%	80%	85%	
			界面设计	Y	2	85%	85%	85%	
		测试能力		Y	2	85%	85%	85%	
		高阶技能	产品架构	Y	5	70%	80%	90%	
			商业模式	Y	4	50%	50%	60%	
			运营策略	Y	3	40%	40%	60%	
			规范流程	Y	3	80%	85%	85%	
			人才培养	Y	2	60%	60%	70%	
			团队管理	Y	3	70%	75%	80%	
		医疗行业		N	5	70%	75%	75%	产品掌控力待提高
		零售业		N	3	70%	70%	70%	
		制造业 - 手机		N	2	80%	80%	80%	
		互联网		N	5	75%	75%	80%	
		大健康		N	5	30%	50%	60%	

产品的销售文案、设计产品海报。

这三项工作的内容和工作方法看似很不相同，但如果你能提炼出它们的共性——都是吸引用户购买产品，并抽象出一个共性的用户行为（Behavior）转化模型（MAT 模型：动机—Motive；能力—Ability；触发—Trigger），那你的能力在这三项工作之间就是可迁移的了。

$$Behavior = Motive \times Ability \times Trigger$$

不仅如此，如果你能用这个 MAT 模型真正提升用户购买转化率的话，你不但会成为所在公司的优秀互联网运营，你到任何一家公司都会是优秀的互联网运营，因为你转化用户购买行为的能力已经与具体公司的产品无关了。

如果你再能将 MAT 模型在你更多的工作场景中应用的话，你转行做产品经理、销售经理也都没问题，因为你现在积累的用户行为转化能力完全可以迁移到这两个岗位上来。

只要你能不断地提炼更一般的工作方法，你的"能力树"和 OneNote 知识体系就能得到不断迭代，你的能力、技能和知识的可迁移性就更强。

结束语

不想遭遇"职场瓶颈"？不想被绑死在某个公司上？

你需要做的就是抛弃传统"爬梯子"的观念，走"内职业发展"的能力规划路径。

在工作中，要关注个人内在能力的积累，而不是外在职位的晋升。

只要你能构建出自己的"能力树"，以工作目标为驱动识别能力差距，拟订提能计划，不断地提炼更一般的工作方法，提升自身能力、技能和知识的可迁移性，不经意间，你就会发现，你已经能够：

1. 随时随地将你的知识和技能做最大价值的自由置换，而不再依赖于任何公司；

2. 持续放大你的职业价值，永远保持巨大竞争力的势能；

3. 获得真正的职业自由，打工、创业还是自由职业，都由你自己说了算。

同学互动

你对自己当前岗位，或者目标岗位的能力模型是否足够了解呢？如果还有疑问的话，不妨看看"框架的力量"社群中优秀的"框工"是如何做的。

他们当中，有产品经理、运营经理、市场经理、硬件设计师……他们的"能力树"做得超级详细！听他们讲职业"能力树"，就能知道想要从事这个领域都要做些什么才能领先了。关注微信公众号YouCore（ID：YouCore），回复"互动"，加入同学互动群。

扭转

"被动成长"观念

——用 GAP 模型主动成长

◇

　　只要走"内职业发展"路径，我们是不是从此就能控制自己的职场命运了呢？不是，还要看你在能力成长的路上到底是主动的，还是被动的。这一篇，王世民老师继续告诉你如何借助 GAP 模型，摆脱"被动成长"，开始"主动成长"。

绝大多数人是"被动成长"的

在职场中，绝大多数人是"被动成长"的。

也许你不认同这句话。

没有关系，你可以先自问一下是否碰到过下面的 6 个小问题，再重新思考这句话。

问题 1：大多数时候觉得迷茫，不知道自己应该做什么；

问题 2：觉得自己自控力不行，学什么好像都坚持不下来；

问题 3：随大流地学外语、考各种证，但在工作中也没怎么用得上；

问题 4：工作了很多年但都是工作要求什么就学什么，支离破碎、一团乱麻；

问题 5：绝大多数时候在等别人安排工作，被动响应而非主动请缨；

问题 6：感觉总是找不到一家适合自己的公司，成长有限。

以上 6 个问题如果遇到了 2 个或 2 个以上的话，就代表你有较为明显的"被动成长"特征了。

◆ 前两个问题的产生，主要是由没有一个有挑战性的明确目标，目标驱动力不足导致的。

◆ 中间两个问题的产生，主要是由被动地积累知识和经验，能力和知识碎片化导致的。

◆ 最后两个问题的产生，主要是由不会主动利用工作环境，缺乏刻意实践导致的。

那么，要如何做才能改变呢？

借助 GAP（差距）模型，你就可以快速定位差距，从"被动成长"转变为"主动成长"。

G：目标驱动（Goal Driven）

A：主动积累（Accumulating experience initiatively）

P：刻意实践（Practice on purpose）

G：目标驱动

目标驱动力的价值几乎人人皆知，但为何还有这么多人不去设定目标呢？

跟 1000 多名形形色色的人打过交道之后，我发现最主要的原因有两个：

原因 1：沉溺在"舒适区"中，意识不到要设定目标

我曾发现一个怪异的现象。

在 YouCore 做运营的实习生中，名校背景、对口专业的学生往往需要我提醒多次后才会设定目标。而院校一般、专业不对口的学生却无须我提醒，自己主动就会设定目标。

之前我一直很困惑于这种"倒挂"的现象，后来发现，这是由"舒适区"导致的。处在"舒适区"的人，对现状有着一定的满意度，没有改变的欲望，因此主要按原有习惯行事，经常意识不到要设定目标。

对名校背景、专业对口的实习生而言，这份实习工作处于他们的"舒适

区"中，自认为靠已有积累就能胜任，因此往往意识不到要设定目标。

而一般院校、非对口专业的实习生，无论在我们的面试中，还是实习期间都受到了很大的"挑战"暗示，因为身处"舒适区"之外，因此会自发地设定目标。

人本能地倾向于停留在"舒适区"中，这就是大多数人不去设定目标的主要原因之一。

但一个人如果沉溺于"舒适区"，就会变得松懈、倦怠和保守，久而久之就会感到迷茫和无助。

原因 2：害怕自己无法承担定错目标后的"试错成本"

我问公司一位大三的实习生担不担心 YouCore 的实习工作不符合自己的预期。她很淡定地告诉我完全不担心，大不了再多试几份工作呗。

当我换了个问题，问她担不担心嫁错人的时候，她就一脸严肃地回答我：这个当然要担心了。

这两个同样关于"是否担心目标定错"的问题，最本质的区别就是背后的"试错成本"不同。

实习工作选错的"试错成本"在自己的承受范围内，因此面对目标是否定错就很坦然；但嫁错人的"试错成本"远远高出了自己的承受范围，因此就很不淡定了。

很多人不敢设定目标的另一个主要原因，就是担心在错误的目标上投入了自己无法承受的"试错成本"。

其实，无论是上述两个原因中的哪一个导致了你没有设定目标，在职场的成长之路上，一开始就设定一个明确的目标都是最好的破解之道。

只要你设定了一个有挑战的目标，就必然会离开原有的"舒适区"，去挑战自己原有的能力结构、知识水平和资源范围，因为如果你不做这些自我挑战的话，就不可能完成这个新设定的目标。

在完成这个挑战的过程中，目标是否"正确"反而是次要的。

因为这个目标的本质价值在于为你提供了一个将能力结构、知识水平、资源范围综合运用的"靶心"，挑战完成后你的能力、知识、资源都会大大升级，从而给你更多的职业选择自由。

在设定目标的时候，一定要抓住两个关键：

1. 有挑战性。 也就是对你能力、知识、资源的要求要比你现有的水平高。

2. 明确。 也就是目标要符合 SMART 原则，至少可衡量，且可达到。

♠

A：主动积累

设定一个明确的有挑战性的目标后，相当于有了学习和应用的"靶心"，你就已经运用 GAP 模型的 G——目标驱动——弥补了第一个差距。

但如果你想更快速、更全面地主动成长的话，还必须掌握"射箭"的技巧。

也就是 GAP 模型的 A——主动积累——而不是乱射一通，否则即使射了上万支箭，你也可能无法射中"靶心"。

我认识一个年轻人，对自己很有要求，也很好学。

这两年，在我印象中，他跟我聊过的书从西方的《君主论》一直到《南怀瑾全集》；听过的课程从各种工具类的"时间管理""思维导图"到"心理学""人力资源"，再到"人工智能""精益创业"；印象笔记里也收藏了1000 多篇各式各样的文章。

直到有一天，他跟我说：老师，我觉得自己的知识获取得太多太杂，这儿知道一点点，那儿知道一点点，想用时却又没有什么能调用出来的，就像一堆胡乱堆放的"杂草"一样毫无用处。

因此，要想做到主动成长，空有一腔热情地盲目学习还不行，你还要**将知识和技能以目标为导向，围绕着应用的主线搭成一个体系化的知识框架，要像一棵树一样，而不是一片杂草地。**

就好比去超市买菜一样，去之前你要先想好自己要做哪些菜，再根据这些菜决定买哪些"食材"，这样买回来后才能做成一餐饭。否则，漫无目的地随机买了一堆"食材"，回来后可能连一个像样的"菜"都做不出来。

从目标出发，构建出知识体系框架后，你就知道最应该去学习哪些知识和技能了，也就很容易从盲目被动地学习转为主动有选择地学习了。而且，你积累的各种知识和经验再也不会"杂草"式地四处丛生了，它们都有了各自存放的地方，以后调用起来也很方便。

借助 GAP 模型中这种主动积累的方式，你的知识和经验的积累速度将大大加快。

✤

P：刻意实践

有了目标，也掌握了主动积累的方法，你距离主动成长的 GAP（差距）就剩一个 P——刻意实践。

人作为一种集体生物，天生就有一种服从和趋同的天性。因此我们绝大多数时候采取的行动其实都未经过大脑的深度思考，而是本能地随大流。

这就是为什么大多数人的工作方式只是一种无意识的重复：公司要求我这么做的，我就这么做了；大家都这么做了，因此我也这么做。

这种无意识重复的结果就是 1 年的经验用了 10 年，白白浪费了利用工作环境刻意实践的宝贵机会。

事实上，即使在同一家公司做同一件事，每个人因为要实现的目标不同、主动积累的侧重点不同，工作方式都可以完全不一样。

那么，怎样才能更好地利用环境刻意实践呢？你可以采用下面两种方法：

方法一：比对差距，寻找刻意实践的机会

借助 GAP 模型的主动积累，你已经构建了自己的知识体系，现在你需要做的就是从目标出发，比对哪些能力、技能、知识是有差距的，然后主动寻找工作中的机会，在实践中刻意练习。

一级分类	二级分类	能力项	距离实现目标的差距	实践计划
核心素质	先天决定	性格特征		
		…		
	后天形成	意愿与动机		
		优秀习惯		
		…		
通用能力	个体能力	思维能力		
		学习能力		
		…		
	团队能力	人际沟通能力		
专业技能	一般技能	Office 技能		
		项目管理技能	xxxxx	xxxxx
		…		
	特殊技能	供应链成本控制		
		…		
必备知识	行业知识	物流行业		
		…		
	领域知识	财务		
		供应链		
		…		

以上表为例，你发现"项目管理技能"是影响你晋升为部门经理的一个弱项，那你完全没必要被动等待机会，而是可以主动请缨主导一个项目，并刻意运用项目管理的知识科学，系统地管理这个项目。

经过这样的刻意实践，你的项目管理水平会得到飞速提升。即使到时你没有实现晋升部门经理的目标，你也已然具备了胜任部门经理的能力，从而给了自己更多的职业选择自由。

也许有人会说，我们公司环境不行，没有合适的项目怎么办？那你可以试一试第二种方法。

方法二：设定更高目标，创造刻意实践的环境

假如你发现现有工作没有现成的实践环境，那你可以对照自己的目标，给自己提出更高的要求，创造出刻意实践的环境。

比如，你想成为一名 10W+ 文案的写手，但公司只要求你能将活动公告在公众号上发布出去就行。

这时，你就可以给自己提高要求，将这个活动发布的文案按照 10W+ 阅读量来打造，不用换公司，一样可以起到刻意实践 10W+ 文案写作方法的效果。

其实，只要你愿意去实现更高的目标，就会发现，只靠之前"无意识"的重复工作方式是做不到的，这时候自然就会创造出更多的刻意实践的机会。

坚持运用上面两种方法，直到哪一天你觉得现有环境真的满足不了你了，有一种龙游浅滩的感觉时，你换工作就好了。这时你会发现，想去哪儿都不是问题，基本是由你说了算。

结束语

无论是受人的生物性影响，还是受人的社会性影响，我们都很容易陷入

平庸的"被动成长"，甚至很多时候自己压根儿都没意识到这个问题。

如果你不甘平庸，想从这种状态中走出来，开始主动成长，GAP 模型可以很好地帮到你。

G：目标驱动（Goal Driven），设定一个有挑战的明确目标，帮你从"舒适区"中走出来。

A：主动积累（Accumulating experience initiatively），构建好自己的知识体系框架，不仅可以主动有选择地学习，而且可以更有效率地积累经验。

P：刻意实践（Practice on purpose），主动利用环境，在工作中刻意实践学习到的知识和技能。

最后，愿你早日弥补"被动成长"的 GAP（差距），从此把控自己的职场命运！

同学互动 ━━━━━━━━━━━━━━━━━━━━━ ⬆ ⬆ ⬆

扭转"被动成长"的观念，开始主动地积累、实践是一件艰辛而漫长的事情，很多时候需要同伴彼此间的监督和打气。而"框架的力量"社群的用途之一，就在于此了。

关注微信公众号 YouCore（ID：YouCore），回复"互动"，加入同学互动群；回复"皮鞭计划"，找条鞭子督促自己赶紧行动起来吧！

2.3

摒弃
"勤能补拙"的观念

——选对方向、学会取舍、高效积累

◇

要主动成长,但又感觉自己的资质不太好,是不是要更加勤奋努力才行呢?这种想法精神可嘉,但勤奋方法不对的话,效果可能适得其反。继续跟着王世民老师,掌握精准努力的方法吧。

越"勤"越"拙"

"勤能补拙"是一句历史悠久的鸡汤，自唐朝时就产生了。

这句鸡汤跟"1万小时原则"有异曲同工之妙，给了我们这些"拙人"一个看得见、摸得着的希望，原来只要"勤"，只要"1万小时"，我也是可以成功的。

但问题是，很多人的"拙"就拙在太勤奋上了。

我们每个人可能都有过一位学习很勤奋，但成绩很糟糕的同班同学。他们的一个共同特征是，上课时会在笔记本上记下老师讲的每一句话；下课后会认真完成老师布置的每一项作业。

我记得我上小学时，语文老师最喜欢布置的作业就是将生词表抄写5遍，有时甚至抄写10遍。

我一般是会写这些生词后，就不好好抄写了，用三支笔一起写或者跳着写，省下时间去做其他事。

但跟我一个班的堂姐就不同了，她会认认真真地抄写上几个小时，哪怕这些生词她闭着眼睛都已经能工工整整地在一行上写出来了。

她这么"勤奋"的结果就是成绩差得一塌糊涂，用一个越"勤"越"拙"来形容她，可能都不过分。

进入职场后，这种越"勤"越"拙"的现象也比比皆是。

明明用一个Excel公式就能搞定的统计汇总工作，有人能花上三四个小时担任"人肉计数器"，结果数出来的结果还是错的。

✦

别用战术上的"勤奋"来掩饰战略上的"懒惰"

提了这么多次"拙",到底什么是"拙"呢?

"拙"主要体现在以下两个方面:

一个是体能方面,如笨手笨脚、动作迟钝;另一个是智力方面,如学习新东西慢,反应慢半拍。

体能上的"拙",多练就会熟练了,正所谓"熟能生巧",就如《卖油翁》所言:无他,惟手熟尔。

但智力上的"拙",就不是一个"勤"字可以补的了。

北宋四大部书之一的《太平御览·人事部》有收录一个"郑人逃暑"的故事:

郑人有逃暑于孤林之下者,日流影移,而徙衽以从阴。及至暮,反席于树下。及月流影移,复徙衽以从阴,而患露之濡于身。其阴逾去,而其身愈湿,是巧于用昼而拙于用夕矣。

大意是说:

有个郑国人怕热,他跑到一棵树下去乘凉,太阳在空中移动,树影也在地上移动,他也挪动着自己的卧席随着树荫走。

到了晚上,他又把卧席放到大树底下。月亮在空中移动,树影也在地上移动,他又挪动着卧席随着树影走。结果身上都被露水沾湿了,树影越移越远,他的身上也越沾越湿。

这个郑人不可谓不"勤"了，但这种不因时而变的瞎勤奋，不是越勤越拙吗？

职场上，大多数人最容易用战术上的"勤奋"来掩饰战略上的"懒惰"，其本质就是想通过"勤"来弥补智力上的"拙"。但这种"补拙"的方式，正如"郑人逃暑"一样，越补越拙。

大脑非常偏爱惰性思考

为何智力上的"拙"，不能仅靠"勤"来弥补呢？

诺贝尔奖得主丹尼尔·卡尼曼在《思考，快与慢》中讲过，我们的大脑其实是非常偏爱惰性思考的。它更喜欢快觉察，不假思索地做出决定，因为这对大脑来说是能耗最低的，而真正深入的慢思考则会消耗大量能量，这对大脑来说是一个痛苦的过程。

举个简单的例子理解一下。让你在下面两个任务中做选择，你本能地会选择哪一个？

任务 1：花 1 天时间，抄写一本书。

任务 2：花 4 个小时，创作一篇文章。

如果你不跟我抬杠，忠实地遵从你大脑的本能选择的话，我相信选择任务 1 的人，会远远多于选择任务 2 的人。

原因很简单，任务 1 虽然看似工作量大，但对大脑的认知负担小；任务 2 看似工作量小，但对大脑的认知负担却很大。

可从表面上来看，从事任务 1 的人在一刻不停地奋笔疾书，显得很"勤奋"，而从事任务 2 的人时不时才能敲上一段话，多少显得有些"懒惰"。

于是，在"勤能补拙"的"正确"观念之下，大脑的惰性思考披上了一层"遮羞布"，无数职场人士"勤奋"地学了太多无用的内容，在"越勤越拙"的路上一路狂奔。

但问题是，我们本来就因为"拙"，所以学得慢，因此需要投入更多的时间、精力才能学会一项新东西，现在却将本就宝贵的时间、精力浪费在了无用的内容之上，结果就是该学的没学会，瞎学的也同样理解不深。

♠

如何走出"越勤越拙"的困境

那么，我们要怎样才能走出"越勤越拙"的困境呢？

方法也不难，你只要做到下面三点即可：选对方向，学会取舍，高效积累。

一、选对方向

能否选对方向，对我们"拙"的人而言比聪明人更为重要。

聪明人因为学得快，哪怕选错方向了，他也有时间、精力再尝试另一个方向。

这就像探路一样，面对一个三岔路口时，走得快的人可以将三条路都试探一遍，还有时间坐下来歇一会儿。但走得慢的人就不行了，他只能选准一条路往下走，否则时间上就赶不上了。

现在问题来了，在职场上谁敢保证自己选的方向就一定正确呢？

比如，千挑万选了一家自认为正确的公司，结果不到 1 年因为某个不可预测的黑天鹅事件倒闭了；在一家公司任劳任怨了十几年爬上了经理的位置，结果公司组织变革，一夜回到"解放前"。

因此，自认为越"拙"的人，就越要走"内职业发展"路线，越要注重在工作中积累可迁移能力，这样你的方向才不会错。

二、学会取舍

方向对了后，就有努力的方向了，但这还不够，你还要学会取舍。

我们既然自认为"拙"，那就说明我们在学习速度、理解深度上相较聪明人有差距。

就更需要把好"钢"用在"刀刃"上，舍弃一些不该学的内容，将时间和精力聚焦在真正需要做的内容上。

如何取舍呢？

前提是你首先要构建出自己的个人知识体系，再对照这个知识体系，看看哪些地方是空白要补充的，哪些地方虽有内容但还需要学习强化的，根据工作需要的优先程度有步骤地主动学习。

三、高效积累

有了方向，学会取舍后，你就可以跟"虚假的勤奋"说拜拜了，你的每一分努力都会是精准的努力。

但只做到这两点，你还仅仅是赶上了聪明人的步伐而已。如果你能再做到高效积累，那么不管你曾经多"拙"，你都可以超越绝大多数聪明人。

怎样才能做到高效积累呢？两个绝招：学习龟兔赛跑中的乌龟；砌台阶而不是堆沙堆。

1. 学习龟兔赛跑中的乌龟

虽然我们单位时间的学习速度比不上聪明人，就好像"乌龟"的速度比不过"兔子"一样。

但通过构建个人知识体系、主动积累的方式，我们完全可以在整体积累速度上超越聪明人。

2. 砌台阶 vs 堆沙堆

大多数人的学习方式是"堆沙堆"式的，当时看了或用了很有收获，但过后也就丢了。聪明人因为学习快，不太容易碰到被新内容卡住的问题，更是容易犯这样的毛病，不注重积累，每次都是重新学。

我们既然"拙"，没有聪明人那么快的单位学习速度，就更不能"堆沙堆"了，而是要"砌台阶"。也就是将每一次的学习成果和实践经验，都系统地沉淀到个人知识体系中，下一次再站在这节新"台阶"上，学习和应用新知识（这种"砌台阶"的具体学习积累方式，你可以参考王世民老师所著的《学习力》中的相关章节）。

久而久之，你不仅积累的知识和经验会超越"堆沙堆"的聪明人，而且因为你是站在更高的阶梯上，你会发现你学习和应用新知识的速度也会超过重新"堆沙堆"的聪明人。

结束语

盲目地"勤能补拙"，你会发现弄不好会越"勤"越"拙"。

只有选对方向、学会取舍，开始精准地努力你才有可能真正地补"拙"，跟聪明人站到同一条"起跑线"上。

如果你再能做到高效积累，那么你不仅在知识和经验的积累上会超越聪明人，而且不经意间，你学习新知识的速度也会超过"堆沙堆"的聪明人，从而做到真正的"勤能补拙"。

同学互动　　　　　　　　　　　　　　　　　　　　　★ ★ ★

实在按捺不住"虚假"勤奋，该怎么办？

做每件事之前先问自己两个"why"：为什么我要做这件事？我为什么要这么做？

更多工作小技巧，进群讨论！关注微信公众号 YouCore（ID：YouCore），回复"互动"，加入同学互动群。

改变

"怕犯错"的观念

——用正确的方式犯错，加速积累成长经验

◇

　　能力要成长就要多多实践，但做得多自然就错得多，万一犯错了怎么办？不怕，
让王世民老师告诉你正确的犯错姿势，实现更快、更好地成长。

该不该犯错

有人问过我一个问题：人生到底该不该犯错？

这个问题从字面上是很容易回答的，当然不该！明明知道是"错误"还去犯，当然不应该！

但问题是，很多时候我们并不知道自己是不是在犯错。

有没有犯错，我们都是事后拿结果来衡量的，结果没发生前，谁都不敢说对错。

比如，你毕业后进了老家的一个事业单位，人人都觉得你这个选择挺好的，工作清闲离家近，而且一辈子都有了保障。但不幸的是，你入职 8 年后，这个事业单位被撤销了，于是人人又开始替你惋惜：唉！你就是选错了工作，你多好的条件啊，当时就应该去北上深的外企。

即便拿事后结果来衡量，也还有一个阶段性的问题，曾经被认为的"正确"很可能反转为"错误"。

比如，联想集团的"贸工技"与"技工贸"之争，1995 年坚持贸易为先的柳传志胜出，坚持自主研发的倪光南从联想出局。

在此后所有商学院的教学中，这个联想集团的"成功"案例经常被拿出来分享。

但到了 2018 年，随着联想集团全球竞争力的急剧下降，风向就变了，有很多人开始质疑没有坚持以自主研发为核心的联想是不是走了一条错误的发展路线。

"美国制裁中兴"的事件发生后，国人对自主研发核心技术的关注突然上升，于是舆论几乎一面倒地认为联想集团当年的"贸工技"路线错了。

因此，不是"该不该犯错"的问题，而是"犯错"本身就是不可避免的问题。

✦

要敢于"犯错"

既然"犯错"本身不可避免，那我们就不应该畏惧"犯错"，甚至对年轻人而言，更要敢于"犯错"。

年轻最大的"资本"之一，就是可以"犯错"。

每一次有价值的"犯错"，其实都是离成功更近了一步。

讲得极端点，如果你能把每一种可能性都试一遍，万一前面都试错了，那剩下的最后一种可能性必定成功。

所谓成功法则，就是在可承受的成本内，把犯错的速度不断提高而已。

一、从"犯错"中获得的经验更多

犯错后，人不可避免地会受到"失败"情绪的影响，而这种痛苦的情绪相较于成功的喜悦，更能让人记忆深刻，从中反思。

在经典条件反射实验中，一只狗需要多次的学习才能对食物投放前的铃声产生唾液腺反应，而一次电击就足以让一只小白鼠对电击前的闪光产生恐惧。

认知神经心理学也充分证明，情绪会对记忆产生影响。情绪会通过大脑中的杏仁核，对信息的编码、记忆的巩固、记忆的提取产生影响。而激发负面情绪的事件相较积极情绪更容易加固记忆，以及激发记忆的提取。

这从进化的角度也很容易理解，对痛苦经历的记忆更深刻是为了避免将来遭遇类似的危险，对动物如此，对人亦是如此。

二、错犯得越早，获得的收益越高

越早犯错，就能越早吸取教训，从而能应用于之后的职场，收益也会更高。如果到了快退休才犯错领悟，除了告诫后辈外，恐怕已对你无益。

张爱玲说，出名要趁早。

其实，犯错更要趁早。

三、年轻"犯错"的成本更可承受

不同于有家有室的中年人，年轻人可以说是一人吃饱，全家不愁。在这样一个轻装上阵，试错成本最低的年纪，不怕犯错，才可以为以后积累更多宝贵的经验财富。

而且不同于中老年人，可能犯一次错，就没有职场翻身的机会了，年轻的时候即使因为犯了错，职场暂时失意，也可以快速另起炉灶，东山再起。

虽然可以犯错是年轻最大的资本之一，你可以用更低的成本，获得更多的经验和收益，但这并不意味着你可以随意犯错。

在心理上要敢于犯错，但在行动上你要做到，避免不必要的犯错，控制犯错成本，并提高犯错回报率。

避免不必要的犯错

对于一些无谓的错误，以及完全可以避免的错误，绝对不要去犯。

一、失误类的错误

比如，帮领导制作一份 PPT，里面错误百出，或者图表错了，或者错字一堆。

这种犯错，你不但收获不到任何经验，而且还会失去领导的信任。

二、已预知的错误

已知道可能会有哪些错，却依然准备不足犯了错，这样的错误不管你多么年轻，都不要去犯，因为毫无价值。

比如，第二天要向客户的高层做一个关键的汇报，已经知道客户可能会提问哪些问题，但偏偏不提前做好准备。结果在汇报现场，被客户的高层问得哑口无言，项目也因此宣告失败。

这种犯错，除了消耗你的客户关系，消耗你已积累的职场资源外，毫无价值可言。

控制犯错成本

敢于犯错有一个重要的前提，就是犯错成本必须在可承受的范围内。

之所以说年轻最大的资本之一就是可以犯错，很重要的一个原因就是年轻时对犯错成本的承受力更高。

但这并不意味着你就可以肆无忌惮地犯错了，你依然需要去很好地控制犯错的成本。

有的错犯了之后，你十天半个月就能弥补回来；有的错犯了之后，你可能要花几年才能弥补回来；还有的错犯了之后，你可能一辈子都补不回来，无论你犯错的时候多年轻。

在犯错中成长，就如同以身试药。

去试一个能导致人麻痹的药，你最大的风险就是一段时间内身体无知觉，这个是你可以承受的；去试一个能导致人瘫痪的药，风险就高多了，因为很可能你这辈子就要在轮椅上度过了，这就不是每个人都能承受的了；去试一个能使人致死的药，这个风险我相信极少有人能承受。

因此，如果你能学会控制犯错的成本，甚至能做到以最低的成本犯错，那你犯错的性价比就高了。

比如，人人都说"失败是成功之母"，但这并不代表你一定要自己去亲历失败，你完全可以从别人的失败中——看他们写的书，跟他们取经——去吸取失败的经验教训。

提高犯错回报率

同样是犯一次错，不同人积累的经验有天壤之别。

有的人犯一次错，只能积累一个经验，甚至毫无经验积累；而有的人犯一次错，积累的经验抵得上普通人犯十次、百次错误才能积累到的经验。

如何才能十倍乃至百倍地提高犯错回报率呢？做到下面三步即可。

一、正视犯错

有的人犯错后喜欢唉声叹气、怨天尤人，挂在嘴边的总是"如果当时没犯那个错，我肯定……"，然后继续在一遍遍的唉声叹气中毫无寸进。

有的人犯错后怕丢了面子，百般隐藏，甚至能将错的说成对的，除了自欺欺人外，也是毫无所得。

要真正让"错"犯得值，就要承认犯错，并愿意从错误中学习。

我看过一个很励志的真实案例。

一位贫困地区的女生，当年为了节省高中学费，没去市重点高中念书，而是留在了当地教学质量很糟糕的中学。结果只考上了一所很不入流的大学。

她不服输,大学期间非常勤奋,成为学校历史上最优秀的学生之一,最后被校长亲自挽留留校。

一般人的奋斗可能到这儿就结束了,但她并没有。

她从贪小利,在选错高中的错误中,认识到了环境对人的影响,并敢于承认自己的错误,因此她白天忙学校的事,牺牲了所有的晚上和假期为出国做准备,最后放弃稳定的留校机会成功奔赴美国留学。

因此,犯错并不可怕,如果犯错后能正视错误,从中吸取经验教训,反而可以变"错"为"对"。真正可怕的是,犯错了还一无所得。

二、结构化复盘

正视犯错仅仅是具备了从犯错中获益的可能性,但要提高犯错回报率,你还要掌握结构化复盘的方法。

所谓结构化复盘,就是你要按一定的框架来回顾犯错的经历,系统沉淀犯错后的经验和教训。

举个例子。

假如你是一名负责创作文章的内容运营,如果某篇你写的文章阅读量未达到预期,你会怎么复盘从中吸取经验教训呢?

你可能觉得是文章标题没起好,于是下一篇文章就重点修改标题。

采用这种方法,你一次就只能积累一点经验。万一不是标题的问题,而是文章的发布时间点不对,你这次犯错可能就毫无经验积累了。

换作我的话,我就不会只考虑一个点的问题,而是会用一个结构化的框架来全面复盘可能存在的问题。如下页表所示。

序号	复盘点	现状情况	可能存在问题
1	文章题材	婆媳关系	与公众号受众群体不符
2	文章标题	搞定"婆媳关系"，要懂这一点	—
3	文章内容	…………	缺少冲突的场景和情感
4	文章排版	…………	大段密集排版，不利于阅读
5	转发引导语	…………	—
6	文章留言	…………	—
7	发布时间	中午11：00	上班时段关注者少

文章阅读量复盘框架

根据上面的框架梳理出所有可能的问题后，我会再设计方案逐一验证。

用这种结构化的复盘方式，你从一次错误中反思的经验和教训是不是会更多？

三、更高层次反思

通过正视犯错和结构化复盘，你已经可以从犯错中获得多于一般人的回报了。但如果你想要获得超过常人十倍，甚至百倍的回报，还需要从更高的层次对犯错做反思。

如何做到呢？

还是举个例子说明。

假如你是一名部门经理，某项工作因为安排错了人导致没完成。

从这次犯错中，你可以反思出一个表面的经验，就是下次类似的工作不再安排这个人负责了。

但这个层次的反思带来的回报率就太低了。

你可以从更高的层次再反思一下，为什么我会错误地安排他负责这项工作呢?

原来你在安排工作时,没有意识到要"因才适用"。

你看,有了这个层次的反思后,你不仅从犯错中获得了更高的回报,而且以后在安排其他人的工作时,也都不会犯错。

如果有必要的话,你还可以进一步问下去,为什么你没有意识到要"因才适用"呢?

这种用 5why 法从更高层次来反思错误的做法,会极大地提高你的犯错回报率,也会让你在未来少犯很多错误,不是同样的错误不犯第二次,而是同一类的错误不会犯第二次。

⬧

结束语

"不要犯错!"

这是从小到大,我们的父母、老师、亲友一直在"善意"地提醒我们的一句话。

也正因如此,我们大多数人进入职场后,一直小心翼翼、如履薄冰,生怕犯错影响自己在领导眼中的印象,影响自己的职场晋升。

殊不知,这种观念恰恰是影响你快速成长的最大障碍之一。

从现在起,请转变这种"怕犯错"的观念,用正确的方式犯错,提高犯错回报率,这样,你就可以更多、更快地积累职场成长经验了。

同学互动 ▲ ▲ ▲

犯错是一种极其常态化的行为，相比于逃避犯错后的结果，避免在同一个坑跌倒两次才更值得我们每一个人关注。

想获得更多"经验积累式"的犯错小技巧，进群学！

关注微信公众号 YouCore（ID：YouCore），回复"互动"，加入同学互动群。

扭转

"怕吃亏"的观念

——掌握高回报的"吃亏"方法

　　不能"吃亏"是我们人性的本能，在职场上吃亏可能就意味着工资的损失、晋升机会的错失。这一篇，缪志聪老师却偏偏劝你多"吃亏"，更神奇的是，按他的方法吃亏后竟然还能获得更大的收益。

♠

不要总是怕吃亏

我有两位同学，曾经在同一家公司从事项目管理工作。从事项目管理的人都知道有一个证书叫作 PMP（项目管理专业人士资格认证），A 同学早早地就将这个证书考过了，而 B 却说考证书要花 3000 多元，公司不给报销，太亏了，于是就一直没考。

之后两人都跳槽去了不同的公司。有一次 A 和 B 都接到了老东家的电话，说有个关键项目遇到了问题，要请他们到现场帮忙几天。A 虽然自己本身工作也很忙，但还是想方设法协调了手上的工作，专门请了 5 天的年假到现场帮老东家把难题给解决了，而且没有要一分钱报酬。B 却直接找了个借口给推了，后来还直笑 A 太傻，吃了大亏。

就这样，一晃十来年过去了，A 成了某上市公司的副总裁，B 还是一个小公司的部门经理。

为什么十多年后，两人的职场差距会这么大呢？

一个很重要的原因就是 A 肯"吃亏"，而 B 总是"怕吃亏"。

♠

吃亏是福，是真的吗

中国有句古话叫"吃亏是福"，但不少人对这四个字心存异议。

有的人说：世间充满了竞争，丛林法则无处不在，吃亏吃多了，最后只能惨遭淘汰。

有的人说：吃亏是福？别傻了，这就是聪明人忽悠老实人用的。

还有的人说：说吃亏是福的人都是懦弱的人，吃了亏只能默默承受，用这四个字自我安慰罢了。

他们之所以都不相信吃亏是福，是因为他们都觉得自己对利害关系了如指掌，成本收益算得清清楚楚，但殊不知这个世界运行的规律，远远不是线性关系那么简单，这次的精打细算可能已经埋下了未来损失的种子。

以 A 同学不计报酬请年假为老东家解决难题的事为例。

如果把这件事情当作一笔交易——

成本是 5 天年假，这是明明白白投入的时间，按照咨询顾问 1 天 4000元的标准来计算，这 5 天的时间就可以折算成 2 万元。

掐指一算，收益为 0，时间亏了 5 天，金钱亏了 2 万元，明显是一笔亏本交易。

这项交易，收益真的是 0 吗？从时间和金钱的角度看，的确如此。

但这些都是显性化的收益，价值更大的隐性化的收益被忽略了。

比如，这 5 天解决难题的经历，是不是提升了个人能力？是不是在老东家那里积累了情感投资？

这些隐性化的收益，可能以后会转为显性化的收益，也可能毫无收益，暂时谁都算不清这个账。

多举一个例子。

我还有一位朋友，转行到了一个新行业，工资变成了原来的 1/3，是公司里面工资最低的。

换作有的人，可能会说给多少钱做多少事，给我的工资最低，做的事就最少。但这位朋友却不一样，有了新项目、新任务，总是积极参与。别人同一时间只跟一两个项目，他同时会跟三四个项目，甚至更多。别人都说转行穷三年，这位朋友只穷了几个月，就开始不断加薪，一年多就变成了团队的负责人。

回顾这段经历，这位朋友说：有人问我工资那么低，为什么犯傻，还做那么多活，吃那么多亏。我当时的想法是，这些都是难得的锻炼提升的机会，正是因为抓住了这些机会，我才能进步那么快。

尽量站在对方的角度思考，给足利益

上面提了这么多的隐性收益、远期收益，有人可能会问，这些隐性收益和远期收益都是不确定的、需要未来变现的，万一未来没能变现怎么办？

让我们换一个角度来考虑，如果每次都"不吃亏"会怎么样？

"不吃亏"会有一个眼前确定的收益，但会有一个不确定的远期亏损。

我认识一个创业公司老板，公司起起伏伏，现在已经步入正轨。

在这个过程中，有核心员工的离开，也有公司高层的出走，但从公司创办至今，没有任何负面消息。问其秘诀，就是不怕吃亏，尽量站在对方的角度思考，给足利益。

哪怕有些时候是对方做得不对，他也会大度一笑，让一些利益给对方，大家和平分手。

他这么做，仅从当下看确实吃了亏，但这些损失却是他可以锁定的。长远来看，哪怕他碰到的都是"白眼狼"，这些离职的人在未来都对他毫无回报，但最多朋友没有增加，却避免了敌人的产生，不会造成任何不可预期的远期损失。

相反，如果他图一时之快，寸步不让，甚至给予对方报复性的惩罚，这么做虽然合情合法，短期内没有任何损失，甚至还有收益，却埋下了地雷，平添了一个潜在的敌人，远期损失就不可预期了。

一个是眼前确定的收益，未来不确定的损失；另一个是眼前确定的损失，未来不确定的收益。

你会选择哪一个？

当你级别还比较低的时候，不确定性还没有那么多，选择前者还危害不大。但随着你职位的提高，与世界的接触面越大，这个不确定性就越高。选择前者，眼前不吃亏，却可能后患无穷；选择后者，眼前吃亏，却可能是无心插柳柳成荫。

就如同老子的《道德经》里所写的：祸兮，福之所倚；福兮，祸之所伏。孰知其极？优秀的企业家往往胸襟都很大，原因就是在一次次的"吃亏"中，胸襟被"撑"大了。

♟

结束语

"吃亏是福"不是一句空话。

当你视野放宽，不局限于眼前的显性收益，而能多从隐性收益和远期收益思考的话，你就会越发领悟到"吃亏"的魅力所在。

种一棵树最好的时间是十年前，其次是现在。"吃亏"也同样如此。

扭转"怕吃亏"的观念，你的人生才有更多成功的可能。

同学互动　　　　　　　　　　　　♟ ♟ ♟

无论从隐性收益还是远期收益来看，"吃亏是福"都是一个方向正确的概念，但具体行动中如何正确地"吃亏"呢？

"框架的力量"社群会有相关问题讨论，同时还有"框工"分享自己的经验，一起进群看看！

关注微信公众号 YouCore（ID：YouCore），回复"互动"，加入同学互动群。

2.6

拉近与别人差距的
关键观念改变

—— 改"能力实体观"为"能力增长观"

选择了"内职业发展"路径，树立了"主动成长"的观念，掌握了正确努力的方法，也不怕"犯错"，愿意"吃亏"，为何跟别人的差距还在拉大？真是如此的话，你还剩最后一个关键的观念没有改变过来。这一篇，王世民老师彻底为你揭开谜底。

干得好，为什么还离职

曾有一件事困扰了我很久。

我招过一名刚毕业半年的咨询顾问，安排他做完第一件事后，我就起了爱才之心。

真的是人才，不仅学得快，而且还能站在我的角度思考。布置给他工作也很省心，你只要定好目标，剩下的基本就不需要再操心了，**90%** 的事儿他都能干得漂漂亮亮的。

相应地，我也在各种场合使劲儿地表扬他，在同事面前，在团队面前，在客户面前。

一年后，正当我准备在团队里提拔他，赋予他更大的施展空间时，他跟我提离职了……

我当时非常惊愕，就问他是不是对薪水不满意，下份工作是什么样的？如果是工资问题的话，我会尽力去跟公司申请，尽量满足他的要求。

结果相反，他找的下份工作的薪资还没现在高，也不比这儿更有发展。而且无论我怎么挽留，他都坚决要走，给的理由就是对现在做的事情没兴趣，甚至有点不喜欢。

后来好几年，我对他的离职都百思不得其解，辛苦一年好不容易争取到的机会，为什么这么轻易就放弃了呢？到一个新的公司，不又要再从头来过吗？

出于困惑，我一直时不时地了解一下他的情况。

5 年后，很多我带过的人都已经走上各个层次的管理岗位了，就只有他还发展得不温不火的。

直至后来，我看到德韦克的内隐能力理论，才知道了这个看似不合理现象背后的心理根源，而且这种心理根源不是个例，是广泛存在的。

正在阅读这篇文章的你很可能也存在，只不过这种理念是内隐的，你没有意识到而已。

↑
内隐能力理论

内隐能力理论是基于德韦克的内隐理念（个体对胜任力和能力本质的一种潜在观念）产生的，它直接影响着个体对成就目标的选择。

内隐能力理论认为，人们对能力有两种不同的内隐观念：**能力实体观和能力增长观。**

能力实体观　　　　　　　　能力增长观

持能力实体观的人认为能力是固定的，不可改变的。

他们会将工作看成对自身能力的一种检验，他们关心的是如何证明自己的能力，获得高成就，避免因失败导致的消极评价。

而持能力增长观的人则认为，能力是可以通过努力提高的。

他们会将工作看作提高自身能力的机会，他们追求的是发展自身的能力，高成就和积极评价反而是这个追求的副产品。

我团队里这位放弃晋升都要离职的顾问，就是典型的能力实体观持有者。

我后来知道，他会偷偷将工作带回家熬夜完成，为的是给我展示他花更少的时间就完成了比同事更难的工作。

基于他传递的信号，我会给他安排更有挑战的任务，结果最终导致他再也无法承受这个压力。

而为了避免被贴上失败的标签，哪怕有晋升机会他也选择了放弃，以保持自己在他人眼中的能力光环。

当然，导致他离职的最大原因是我不恰当的管理方式。

我在各种场合下不遗余力地表扬他，加剧了他在工作成就目标上的认知偏差，导致他害怕任何的失败，甚至不惜营造假象来证明自己的能力。

↑

不同的认知和行为模式

持能力实体观还是持能力增长观，会使我们形成不同的目标。这些不同的目标又进一步产生了不同的认知和行为模式，从而深刻地影响着我们在学习、努力、挑战上的一系列表现。

一、学习表现上的不同

持能力实体观的人容易确立成绩目标，把目标定在好名次和好成绩上。因为他们相信能力是固定不变的，因此在学习中更关心如何证明自己。他们倾向于能力归因，认为考试失败就意味着能力不足，并产生焦虑、羞愧、沮丧的消极情绪，从而容易放弃继续学习。比如，一旦数学成绩不好，就容易归因为自己的数学能力不行，从而产生对数学的厌学情绪。

持能力增长观的人容易确立学习目标，把目标定在掌握知识和发展能力上。因为他们相信能力是可变的，可以通过努力得到增长提高。他们倾向于努力归因，认为考试失败并不表示低能，它仅仅意味着目前的学习方法不当或努力不够。因此仍然能够保持积极的情绪，继续挑战学习任务，争取下次考得更好。

二、努力上的不同

持能力实体观的人，更喜欢轻轻松松获得成功，因为这是证明他们能力的最好方式。因此，持能力实体观的人，往往试图看起来技艺精通，但他们不想为达到专精而付出更多的努力。

持能力增长观的人，把努力看成学习知识、获得能力的途径或手段，相信努力和能力是一种正向关系。因此，他们会以专精为导向，努力做到真正的技艺精通，而非看起来精通。

三、面对挑战时的不同

持能力实体观的人，倾向于挑选有把握的任务。因为他们更关注完成这个任务能否得到积极评价，因此往往不会选择失败风险大的任务，从而也失去了很多突破自己的机会。

持能力增长观的人，倾向于选择有挑战性的任务，敢于冒险，具有较高的坚持性和专注水平。因为他们不担心失败后的消极评价，更关心的是能否通过这个任务发展自己的能力。

大部分人是能力实体观和能力增长观的混合持有者

持能力实体观还是持能力增长观，其实在你的儿童时期就已经开始展现了，它是你人格的重要部分。

假如我的内隐理念是能力实体观，但我又想从下面的这些痛苦中走出来：

1. 因为害怕失败而拒绝了好的项目机会；

2. 感觉被贴上了失败者的标签；

3. 对需要付出大量努力才能完成某事而感到气馁。

该怎么办呢？

好消息是，无论你是哪种内隐理念的持有者，只要你理解了这种内隐理念，就可以用新的方式来思考和反应。

比如，当你在面对挑战时，你可以告诉自己：原来担心失败后被人瞧不起，只是我的能力实体观这个内隐理念在作怪，那这次就勇敢面对挑战呗！

假设失败后，你也可以告诉自己：持能力增长观的人就是一直在从失败中学习的啊，这次我也从失败中总结总结经验，好好努力，下次再挑战。

只要你清楚了自己的认知和行为背后的心理根源，调整起来就会容易很多。

虽然你还是能力实体观的持有者，但你在完成某个任务时，完全可以暂时像能力增长观的持有者一样思考和行动。

而且，还有很重要的一点，大部分人其实是能力实体观和能力增长观的混合持有者。

可能在某个领域你是能力实体观的持有者，而在另一个领域你又是能力增长观的持有者。

因此，你到底是什么内隐理念的持有者并不重要，重要的是你是否知道你认知和行为背后的驱动根源是什么。

♦ 灵活切换思考方式

能力实体观的持有者在理解了自身的内隐理念后，就可以采用跟能力增长观的持有者一样的思考和反应方式。

那能力增长观的持有者是否有必要也学习一下能力实体观持有者的思维方式呢？

有必要！

持有能力增长观，并不意味着任何挑战你都要抢着去做，有时还是要从资源的最优配置角度出发，适当放弃。

比如，一个事关团队生死的关键任务，明明有更合适的人可以胜任，但你偏偏要挑战自己，抢着去完成这个任务，结果你个人的能力确实又有发展了，但团队没了。

能力增长观相信能力是可以改变的。

但它并没有告诉你改变的可能性有多少，或者改变的程度能达到多大。

它也没有说一切都可以改变，如个人的偏爱和价值观。

因此，持有能力增长观，并不意味着可以改变的都应该改变。

我们首先要为自己确定最值得改变的方向，并且要学会接受努力在能力改变上的局限，否则就容易成为一个盲目的"乐观主义者"，做很多的无效努力。

比如，自己明明在艺术上很有天赋，在电脑编程上能力一般，但偏偏不服输，相信努力一定会有回报，硬是放弃艺术，在电脑编程上死磕，结果只能是世上少了一个杰出的艺术家，多了一个平庸的程序员。

♣
有效应对挑战

了解了能力实体观和能力增长观这两个内隐理念后，是不是发现了自己和身边人行为背后的秘密？

当再次在挑战巨大的任务面前退缩的时候，是不是敢于鼓起勇气去接受挑战了？

因为你知道是能力实体观在阻碍你做出这个选择。

当再次碰到考试不顺利、工作干砸了的时候，是不是不会再轻易给自己贴上"失败者"的标签了？

因为你知道这是能力实体观在作怪。

当努力没有达到预期的时候，你是不是知道啥时候该继续努力，啥时候该适当放弃了？

因为你已经知道这个努力到底是能力实体观还是能力增长观在驱使的。

最后，无论你是能力实体观的持有者，还是能力增长观的持有者，在这儿衷心地祝愿你在面对学习、工作、生活上的挑战时，都能更完美地应对。

同学互动 ⬆ ⬆ ⬆

试着回忆一下你在工作中的表现，你是能力实体观，还是能力增长观呢？

你的这种成长观念又会在什么情况下阻碍你的发展呢？显性化地把你碰到的问题和处理方法写下来，可以通过微信公众号 YouCore 发给我们。

PART —3

方 向

方向比努力更重要，
路对了自然事半功倍

这个时代，
做什么方向的工作才有未来

——答案是：学会正确地工作

未来会往哪儿走？在不确定的未来，到底做什么样的工作才有出路？这一篇中，王世民老师会告诉你做什么方向的工作以及怎样工作才更有未来。

⬆
不确定的时代

人类从来就不缺"先知"式的预言。

到了如今这个变化未定的时代，加上网络传播的便捷性，各种"先知"式的预言更是层出不穷。

对"做什么方向的工作才有未来"这种具备天然预测属性的问题，更是预言多多。

有人预测从事大数据会有未来，有人预测做人脸识别赶上 AI（人工智能）的潮流才有未来，甚至有人说只有干艺术才有未来，因为这是最不容易被机器取代的。

其实这些都是线性趋势下的预测，可能对，但更可能错。

这就像《黑天鹅》里提到的"火鸡幸福指数"：

假设你是一只火鸡，被农夫养在美国的农场。在过去的 120 天里，你都很幸福，因为农夫每天都给你吃的。所以，随着时间的推移，你的幸福指数线性上升，你认为这种幸福会永远地延续下去。但很不幸，明天就是复活节了（复活节要烤火鸡吃），因此火鸡的幸福指数戛然而止。

绝大多数人对未来工作的预测，其实就跟这只火鸡一样，站在过去看现在，再站在现在线性地揣测未来。

但不巧的是，我们刚好处在了又一个"奇点"要来临的前夕，就像火鸡面临复活节一样，原先所有的线性发展趋势在"奇点"处都将彻底改变，谁都说不清未来到底会怎样。

既然未来不可预测，那怎样去选一个有未来的工作呢？

去赌一个有未来的工作

你可以博概率，去赌一个你认为符合未来方向的"正确的"工作。

听起来似乎有点荒谬，但这就是大多数人正在干的事。

我在面试公司互联网运营岗位的候选人时，只要问到"你为什么选择从事互联网运营"，90% 的面试者会一本正经地告诉我，因为互联网是未来的发展方向，互联网运营更是一个有未来的职业。

互联网运营岗位到底有没有未来？ 说心里话，我真不知道。 这个岗位可能会历久弥新，也可能 3 年后就无人问津。

但在选择工作时，将是不是未来的发展方向作为首要考量要素，甚至是唯一考量要素，未免风险大了点。

因为我们谁都没有能力准确预测未来。

计划经济时代，曾经让无数人趋之若鹜的百货商店售货员，现在的职业境遇如何，可能你比我更清楚；

曾经象征着高薪与地位的空姐职业，现在已经更多地回归了普通服务员的本质；

曾经被认为是安稳代名词的教师岗位，现在随时都面临着跟不上新教育形势的危险。

既然过去如此，谁又能确保现在的热门岗位会一直火爆下去？

比如，房地产行业这些年的薪资一直挺高，可等你挤进去的时候，弄不好已经走下坡路了；

你觉得量化金融很牛，弄不好等你真正从业的时候已经是明日黄花了；

你认为很有未来的互联网运营，弄不好就跟曾经的 SEO（搜索引擎优化）一样，沦为一个低薪的"纯体力"工作。

将自己的职业未来寄托在一个不确定的概率上，不知道你是否真的安心。

我有一个关系还不错的朋友，做 Java 开发的，不善言谈，典型的技术男。在 2002 年，Java 程序员还很抢手的时候，他月薪就过万了，但现在 40 多岁了月收入还停留在 2 万元上下，带着一帮小伙子每天卖苦力般地熬夜干着软件外包开发。

即使这样每天都还在发愁，手头这个项目开发完了后，下个单在哪儿?

20 多岁进入了"朝阳产业"，年近中年身处"朝阳变夕阳的产业"，继续干着希望渺茫的工作，处在换行业又有心无力的境遇，这会是你 10 年、20 年后想要的结果吗?

▲
不如先学会"正确地"工作

其实，与其在"正确的"工作上博概率，还不如先学会"正确地"工作。

何谓正确地工作?

正确地工作，就是在工作中打磨出自己的"可迁移"能力，随时随地可以将你的知识和技能在不同领域做最大价值的自由置换，一辈子坚守深爱的职业，还是换行换岗，都由你说了算。

其实，无论你想成为一名横跨多个领域的复合型通才，还是想成为深耕某个细分领域的专家，"可迁移"能力都是一个必备条件。

成为一名横跨多领域的复合型通才需要"可迁移"能力自不必多言，你只有悟出了不同领域知识背后相同的本质规律，将跨领域的知识融会贯通地应用，才有可能成为复合型的通才。

比如，只有掌握了混沌理论，才能理解天气的不可预测性与股市的不可预测性本质原理是一样的；

只有深刻理解了"美"的本质，才可能成为达·芬奇那样横跨绘画、雕塑、建筑的全才；

只有深刻领悟到了社会运作的规律，才可能成为曹操那样横跨政治、军事、文学的大家。

成为一名深耕某个细分领域的专家，更是需要具备"可迁移"能力。是不是一名专家，其中有 3 个主要的判断标准：

1. 按照本质规律或原理，而非表面特征，组织本领域的知识；

2. 不仅熟练掌握本领域的知识，而且更知道这些知识在什么样的条件下才适用；

3. 专家比普通人更能实现知识在不同领域间的转化运用。

上面这 3 个标准，每一个都代表了专家背后的"可迁移"能力（成长为专家的具体工作方法，请参见本书的第四章第六节《如何成为专家——三大必经之路：元认知监控、提炼方法论、主动性训练》）。

"可迁移"能力

上海大众汽车有限公司机床维修的一线工人徐小平，2016 年 9 月 25 日在上海浦江创新论坛上发表的关于"工匠精神"的精彩演讲，就很好地阐释了怎样正确地工作，以及正确工作后具备"可迁移"能力的价值。

徐小平 2006 年获得第八届中华技能大奖，2007 年荣获全国五一劳动奖章，在 2005 年、2010 年、2015 年获得三届全国劳动模范。

他还获得中国机械工业技能大师，享受国务院特殊津贴奖励，获得国家专利授权 22 项（发明专利 8 项，实用新型专利 14 项），国际专利 1 项，其中激光可视对角技术获得中国科学技术一等奖，上海科学技术二等奖。

从他的技术成就来看，这是一名不折不扣的机床维修专家。

他在演讲中说：

我们的工匠应该具备"X+1"的能力。"X"是指一个工匠必须要具备的综合素质，他的知识面，他的阅历；这个"1"就是与众不同的特长……在我的团队中，我搭建了很多的平台，我在我的工作室中大概做了十几个专业，经过几年的打磨我们出来了一批人，这些人的收入可能比许多公司管理层都高。

他们这些"工匠"专家，相较一般的一线工人到底有何特别？竟然十几个不同专业的一线维修工人，都能做到收入比许多公司管理层都高。

从徐小平在演讲中讲的两个亲身经历中可窥到一丝线索。

第一个经历

我跟中国师傅学一个操作要两年，我跟一个德国师傅两个小时就学到了，我很崇拜德国师傅，他们重数据，的确是有特长的，于是我就注重数据的整理和记录。

直到有一天，我怀疑数据也有不管用的时候。在我的厂里有一个德国师傅和我的关系很好，一个故障出来了，他是不相信感觉的，他相信数据，但是一个故障出来的时候哪儿来的数据？在没有数据的时候这个方向怎么判断？于是他花了 8 天时间把故障查出来，但我花了 45 分钟时间查出来，我不是说德国师傅没有这个本事，我觉得他的感觉没有我们好。

我修机床其实是用阴阳法，德国师傅没有这个技能。一个轴承要转起来靠什么？一阴一阳之为道。如果没有阴的话，轴放在空中怎么会转？所以我排除故障的时候就看这个问题是阴的问题还是阳的问题。

第二个经历

我讲一个故事。

我有一次修机床走到死胡同，后来李政道教授有一堂课，我听了以后忽然间有了启发。他讲的是宇宙对称的问题，我也听不懂，但是有一句话启发了我，他说最大的对称性等于最大的不对称可能性，这是一句非常抽象的话。

他拿了一支笔，那支笔是圆的，可以说是最大的对称，如果给它加压的话，会往哪边折断，360 度任何一个方向都有可能性，这就是最大的不对称可能性。

我在这句话的启发下把那个机床修好了，我当时就在校正两个砂轮的平行度，因为其实是不会绝对平行的，没有绝对平行。而如果是平行的，那么什么地方大，什么地方小，我就看不见。于是我故意打破平衡，一下子就把机床修好了。

从上面的经历中我们可以看出，跟只会死板执行的维修工不同，徐小平这样的一线"工匠"们会质疑知识的适用条件。

他们重视数据的整理和记录，但也会剖析数据在什么情况下不管用，而不是盲目信任维修中数据的作用。

不仅如此，哪怕深耕的领域仅仅是机床维修，他们也会不断提高对抽象规律的认知层次，并将这些跨领域的规律——物理学的宇宙对称、道家的阴阳法——运用在机床维修上。

正是有了这种符合专家三大标准的正确工作方式，他们成长为"工匠"，打磨出了"可迁移"能力，也给了他们以最大价值自由置换知识和技能的豪情与壮气。正如徐小平说的：

我在 3 年前做了一个尝试，我们企业的领导比较开放，给我搭了一个平台让我们走向市场。

本来我们都是依靠政府的补贴，现在我们没有这种困惑，我不仅可以为企业养活一批人，我每年还要给企业创造上千万元的利润，我们工匠手里面有活，还怕没有钱吗？

结束语

在这个不确定的时代，谁都无法准确预测出一定会有未来的工作。

与其赌博式地将时间花在寻找"正确的"工作上，不如先学会如何"正确地"工作。

我们掌控不了变化的时代，但我们至少可以掌控自己。打磨出自己的"可迁移"能力，无论时代怎样变化，未来都会有你的一席之地！

同学互动 ━━━━━━━━━━━━━━━━━━━━━━━━━━ ↟ ↟ ↟

　　想了解更多正确地工作的技巧吗？

　　在微信公众号 YouCore（ID：YouCore）后台回复"秘籍"，即会收到我们给你准备的私家干货了。

3.2

万一入错行了，
怎么办

——你只需具备强悍的通用能力

———◇———

应对这个不确定时代的最好方式就是打造自己的"可迁移"能力。那我们还需不需要选择行业呢？万一选错了行业又该怎么办呢？让王世民老师继续告诉你答案。

✦

入错行了，怎么办

"老师，我入错行了，怎么办？"

每次回答这样的问题，我都很小心。

真的！生怕一不小心，彻底浇灭了别人的希望。

在这个世界上，肯定有人是真的入错了行，比如明明是绘画天才，但不小心弹吉他去了。结果国画院少了一名大师，酒吧多了一名吉他手。

不过，这种情况绝对是少数。

绝大多数人，其实没有入错行的问题。

他们认为的入错行，只不过是现实不如预期，给自己找的一个借口罢了。

✦

真的入错行了吗

"唉，男怕入错行啊。我当时就是因为脑子一热，上了个机械工程，'211'大学本科毕业，工作10年了，在武汉，每月拿到手才6000块钱。如果做其他行业的话，可能年收入都三四十万元了。做什么工作也不要做机械啊，这是我做机械设计工作10年最大的感慨。"

"男怕入错行这句话真是有道理。当年高考，我想报计算机，可是人穷见识短的父母硬要我去念什么医科，说谁还能不生病，有了这个手艺防身，一辈子都不愁。七大姑八大姨也轮番劝我，个个都说她们有人脉能帮忙安排工作。结果……苦啊……毕业5年了，现在还混在乡村卫生所，到手2000块还差5毛。如果像我同学一样，去搞IT，第一年月薪就2万元了。"

可是，同样做 10 年机械设计，有人就可以 30 万元年薪。像我认识的比较厉害的一位"华为海外"的朋友，年薪有 150 万元，为何他只有 6000 块呢？

同样学医科，厉害点的专家排上半年都不一定能挂得上号，为何他就只能拿 2000 块呢？

这真的是"男怕入错行"的问题吗？

"男怕入错行"的观念已过时

男怕入错行的完整说法是"男怕入错行，女怕嫁错郎"。

这句话到底源自何处，哪一年开始传播的，已经遥不可考了。

但既然将"女怕嫁错郎"和"男怕入错行"并列在一起，我们还是能从"女怕嫁错郎"这句话，推导出"男怕入错行"背后隐含的意思的。

自南宋程朱理学兴起后，女人作为男人附属品的男权思想兴盛，"一女不嫁二夫"成了最正统的社会观念。这就意味着，女的一旦嫁错了人，一辈子就只有受苦、受累、受罪了。

这句话背后透露出的信息是，婚姻是否幸福，对那些作为附属品的女人几乎没有影响，关键在于男主人怎么样。

同理，"男怕入错行"指的是男人一旦入错了行，这一生也就完蛋了，没什么指望了。这句话背后体现的也是，事业是否成功，对那些作为附属品的人来说几乎没有影响，关键在于这个行业怎么样。

在以前的社会背景下，这句话非常有道理。但放到现在，这就是歪理了。

现在已经没有离开男人就活不了的女人了，二婚、三婚的女明星，自己养着老公，幸福着呢。甚至选择不结婚，人生也一样很精彩。

女生已经走出附属品地位了。作为男人的你，还一定要做行业的附属品吗？

那些喊着"女也怕入错行"的女生们也是如此。好不容易从男人的附属品中走出来了，为什么又一定要将自己再当作行业的附属品呢？

第一份工作，如何挑行业

第一份工作就能选到自己喜欢、能干一辈子、报酬又丰厚的行业，当然很好啦。

关键是，当你在选行业时，又怎么会知道自己选的行业，未来十年的发展会如何？

别说是你，就是马云、比尔·盖茨、巴菲特他们，又有几个人能预言未来的变化？

因此，在选择第一份工作的时候，只要明白自己能做什么，找一份能够维持生存的工作，再盯着不久将来（如 1 年）的目标，全力以赴地去做到自己能做到的最好就可以了。

只要能全力以赴地去完成目标，有意识地进行积累，不经意间你就会发现，你已经具备可迁移的通用职场能力了，如思考的能力、解决问题的能力、人际沟通的能力、学习的能力等。

这时，如果你愿意在本行业发展，你也很容易做到前 20%，因为那80% 的人还在琢磨自己到底有没有选错行业呢，压根儿就没好好积累。

即使干了一年，你发现真的不爱这个行业，那也无所谓。现在的社会，嫁错了可以离了再嫁，入错行了也完全可以辞职转行。

只要你真的在本行业好好干了一年，具备了通用职场能力，跨行找另一份工作绝对是手到擒来的事。

♠

已入行，想转行怎么办

万一真的选错了行业，比如已经工作了 3 年，5 年，甚至已经工作 10 年了，还能转行吗?

有人说，自己选的行业，流着泪也要走下去。这种想法，勇气可嘉，但未来堪忧。都知道错了，为什么不转行呢?

之所以不转，无外乎两种原因：**1. 不敢跳出舒适区**，怕到了新行业适应不了，因此以这种"贵在坚持"来安慰自己。**2. 没能力转行**，在最不该轻松的时候，过上了"轻松愉快"的生活。

比如，刚进入职场时，追求工作与生活平衡，坚持不加班，不看专业书籍，一周看 3 部电影，每晚都刷抖音，周末一定逛街，放假必须旅游。时间一长，就失去了超越同龄人的机会，人也不再年轻了。

一、针对不敢跳出舒适区的建议

如果你已经在本行业做到了前 20%，那就勇敢地走出来吧。你会发现你积累的能力和经验，用在其他行业也一样。最多就是前半年或一年，收入稍微下降些、人稍微累些而已。

当然，如果你还不是本行业的前 20%，或者你不想再累了，也不能接受收入短暂地下降，那就好好地在现在这个行业待着，但请不要再用"男怕入错行"来骗自己了。

二、针对没能力转行的建议

与上一个建议恰恰相反，我特别不建议你转行。

没能进入本行业前 20%，缺的绝对不是行业经验，而是最基本的通用能力——基本的思维能力、解决问题的能力、人际沟通的能力、快速学习的能力等。缺乏通用职场能力，转行面临的将是巨大的失败风险。

因此，请踏踏实实地在本行业，再认认真真地干一段时间，有意识地积累和提升通用能力，**直到你进入本行业的前 20%。到那时，你就会惊喜地发现，转行已经是一件唾手可得的事了。**

因为你已经具备可迁移的通用职场能力了，而这是一个人能否成功转行的关键。

你可以看看那些大公司的高管，从食品行业，转行到航空业，再转行到IT 业，甚至再从政，完全不受行业的制约。凭的是什么？

凭的绝不是行业经验，而是可迁移的通用职场能力。

因此，不要感叹"男怕入错行"了。有了强悍的通用能力，想转行随时都可以。

结束语

"老师，我入错行了，怎么办？"

希望看完这篇文章，你可以不再问这个问题。

如果你刚毕业，正在找第一份工作，对你而言，什么工作都一样。

只要你能让自己做到本行业的前 20%，以后无论是留在本行业继续发展，还是转行，都不是啥难事。

如果你已经工作了，发现可能入错行了：

1. 首先看看自己有没有做到本行业的前 20%，如果没有，那就先去做到，因为这不是入错行的问题，而是你基本的职业能力缺乏的问题。等做到后，再考虑换行。

2. 如果你已经做到本行业的前 20% 了，那就转呗，你会发现，对你而言转行只是敢不敢迈出这一步的问题。

不要再哀叹"男怕入错行，女怕嫁错郎"了。因为在这个社会，女人不再是男人的附属品，人也不再是行业的附属品。除非你自己甘心做一个附属品。

同学互动 ♠ ♠ ♠

你有转行方面的困扰吗？如何才能做到本行业的前 20%？

扫码入群可查看他人的成功转行经验！

关注微信公众号 YouCore（ID：YouCore），回复"互动"，加入同学互动群。

该不该去
知名大公司工作

——去大公司的真正价值

◇

应对未来的最佳之道就是开始正确地工作，打造自己的"可迁移"能力。那到底是去知名大公司提升更快，还是小公司提升更快呢？在这一篇中，王世民老师为你剖析去大公司的真正价值。

最近碰到一个怪现象。

有学生问我："老师，我觉得现在的公司管理很不规范，是不是应该换个知名大公司工作呢？"

与此同时，在知名外企待了 20 多年的朋友跟我诉苦："离开后才发现，80% 的职场技能都是公司定制版，现在非常不适应，突然不知道能干啥了！"

迷惘的年轻人心向往之，待了 20 多年的中年人却唏嘘感慨，那么我们到底该不该去所谓的知名大公司呢？

✦

你为何想去知名大公司

在考虑到底应不应该去知名大公司之前，可以先自问：你为何想去知名大公司？

"给的工资多，福利也更有保障些。"大学穷了 4 年的王大锤说。

"去大公司有面子啊。"深得中国面子文化精髓的马大哈紧跟着说。

"去大公司发展好。"学生会主席韦光正很不屑地白了王和马一眼。

"这有啥争的，大家不都想去吗？"楼下大妈精彩总结。

如果你也是像上面这样想的，那么去不去所谓的知名大公司，对你而言，几乎没什么区别。为何我敢如此断言呢？因为你压根儿就没抓到进知名大公司的真正价值！就像一个不知道钻石是啥的人，即使进了布满钻石的山洞，也几乎挖不出一颗钻石。

知名大公司到底能带来什么

知名大公司真正能带给我们的是四大价值，从易到难分别是职场镀金、感受优秀的管理方式、与优秀的人同行、提升眼界。

价值一：职场镀金

这应该是知名大企业最直接的吸引力了，是四大价值中唯一 100% 会获得的"光环"，也是大多数人认为去大公司工作"有面子""发展好"的来源。

价值二：感受优秀的管理方式

能成为知名大公司，绝大多数的管理水平确实是业界领先的，身处其中，只要用心观察，便能够花更少的时间，领会到更优秀的管理方式。

价值三：与优秀的人同行

不可否认的是，在知名大公司中，优秀者的数量相较一般企业还是更多些。因此你有更多的机会与他们共事，也就有了更多可能学习到优秀的思维方式、工作方式等（请注意，仅是可能性高一些而已，能否学到还是取决于你自己）。

如果你自己也足够争气的话，还可以积累一定的优秀人脉（千万不要妄想，你不优秀，却有优秀的人脉）。

价值四：提升眼界

眼界是知名大公司能带给一个人最内在的价值了。我们经常会问，一个出身于社会高级阶层家庭的小孩，相较于一般阶层出身的小孩，到底有何优势？其实最核心的优势就是眼界，眼界决定了一个人的格局和高度。

知名大公司就好比你职场出身的"家庭"，为你眼界的提升，提供了品牌、行业地位、资金、客户、供应商、伙伴资源等加持。但这个眼界的提升受限于你在公司的职位，职位越高加持越多，因此如果只是一颗螺丝钉的话，那提升就非常有限了。

以上四大价值是知名大公司真正能带给我们的，也是我们进入一家知名大公司后应该去积极获取的。如果仅惦记着"钱多""有面子""发展好"，最后可能就只是为职场经历镀了一层金而已，实际毫无所得。

当然，无论是去大公司还是小公司，深刻认识到一份工作的精髓才是最重要的。

进知名大公司是职业成长的唯一通道吗

进知名大公司，不失为一条不错的职业成长路径，但不是职业成长的唯一通道，甚至对某些人而言，连最佳通道都不是。以不少人想去的阿里巴巴、腾讯、京东、网易等互联网知名公司为例，这些公司的老板马云、马化腾、刘强东、丁磊，之前又有哪一位在所谓的知名大公司待过呢？

无论是职场镀金、感受优秀的管理方式，还是与优秀的人同行、提升眼界，即使不进知名大公司也都有其获取之道。

以职场镀金为例，在某个领域做得小有成就，是否比在所谓的知名大公司工作更有"光环"呢？相较阿里巴巴内训师，知乎大 V 是否更吸引你的目光？相较 HP 高级咨询顾问，头马（Thoast Masters）国际演讲俱乐部中国区总监是否更有专业感？

在如今信息爆炸的时代，要想感受知名大公司的管理方式，也并不一定非要进去"卖身"几年。现在稍微成功一点的公司，其管理经验、经营经验就会满天飞。你随便搜一搜，讲华为兵法、华为流程的内容是不是都"霸屏"了呀？

移动互联网极大地降低了人与人之间的沟通成本，加上知识分享经济的盛行，与优秀人士的接触，对他们思维方式、工作方式的学习，变得前所未有的便捷和廉价。你不会因为没有加入创新工场，就无法向李开复请教；你不会因为没有进入麦肯锡，就没法与顶尖咨询顾问交流学习；你不会因为不在BAT，就没法接触顶尖的互联网人士。

环境对眼界的提升有着一定的限制和促进作用，但眼界的真正提升其实在于心，而非环境，否则，就不会有来自中下阶层的政治领袖、科学家、企业家了。

结束语

进知名大公司是一条不错的职场通道，但如果不知道从知名大公司到底应该获取什么，即使进去了估计也难有所获。

我们更要明白的是，知名大公司并不一定是职业成长的最佳通道，更不是唯一通道。知道了进知名大公司的真正价值后，即使不进知名大公司你也能找到获取之道。

同学互动 ━━━━━━━━━━━━━━━━━━━━ ♠ ♠ ♠

你知道去大公司的价值了吗？如果同时收到大公司和创业公司的 Offer，你会选择哪一个呢？

"框架的力量"群有很多正在知名大公司工作的框工，也有不少在创业公司打拼的同学，你想不想听听他们在各自工作中的收获与心得？

关注微信公众号 YouCore（ID：YouCore），回复"互动"，加入同学互动群。

选择大城市还是小城市，
标准在这儿

——打磨自己的可迁移能力

上一篇，王世民老师为你剖析了该不该去知名大公司的问题，现在新的问题又来了：我应该留在大城市还是回老家的小城市呢？家处陕西小城，人在深圳打拼的赵策告诉你，大城市还是小城市，你该这么选——

大城市还是小城市，
不仅仅是工作地点不同这么简单

我们为什么会纠结于到底应该在大城市工作，还是小城市工作？

马克思说过，在现实的社会关系、与他人的交往以及与环境的互动中，人才能获得相应的界定，自我理解并得以生存和发展。

也就是说，在大城市还是小城市工作，不仅仅是工作地点不同这么简单。

它更深刻地影响着你外在的社会地位、内在的自我定位，以及由此带来的不同发展机会。

我家有一位邻居给我留下了非常深刻的印象：

他是 20 世纪 90 年代考上大学的，学校是外地省会城市很出名的一所师范大学。那时大学是包分配工作的，他在毕业的时候被分配到了当地省会城市的一所高中。

那个时候，因为我们小县城的经济挺不错（全国百强县），而且生于 20 世纪 40 年代的父母更喜欢子女跟自己生活在一起，因此凡是家里有条件的都会想各种办法将子女分配回我们县里工作。

他家也不例外，千方百计地把他重新分配回了我们县城的一所高中。

后来，因为种种原因，小县城的经济一落千丈，县城高中里凡是好点的老师也都被各种私立学校或外地高中挖走了。

他在学校里虽然担任学科主任，但随着学校教学质量的严重下滑，他也基本处于混日子的状态。而他当时留在外地省会城市的那些同学，听他自己说，个个都比他现在发展得好。

他也经常感叹，当时如果能留在省会城市任教该多好。

你看，城市选择的不同，对一个人的社会地位、自我定位，以及发展机会的影响可能是巨大的。

外在的社会地位

人是社会性的动物，因此无论你接受还是不接受，我们的社会地位都是由现实的社会关系定义的。

"国学大师"南怀瑾在 1945 年就形成了他对儒、释、道的主要见解，但他 1949 年年初到台湾时的社会地位是台湾基隆"义礼行"船行（做船运走私生意）的老板。

1955 年，他在窘困的处境下，出版了《禅海蠡测》一书，却一本都卖不出去。不久，他便举家迁到台北龙泉街，住在贩夫走卒喧嚣终日的菜市场附近。困顿中的他煮字疗饥，凭着惊人的记忆力完成了《楞严大义今释》《楞伽大义今释》两本力作，但在书店都被堆放在角落里，很少有人购买。

直到 1960 年，台湾官方推动中华文化复兴运动，又适逢胡适读了《楞严大义今释》之后表示赞许，南怀瑾才逐渐为人所知。随着与台湾政坛要人交往的增多，才有了"国学大师"的社会地位。

即使如南怀瑾这样的国学大师，在缺少现实社会关系的情况下，无论是在小城市基隆，还是在大城市台北，也都没有社会地位可言。

因此选择大城市不代表你有更高的社会地位，选择小城市也不代表你的社会地位就一定会低，关键在于你现实的社会关系是怎样的。

假如你是一名掌握核心技术的专业人才，那么在人才汇集的大城市，你有可能取得更好的社会地位；假如你在本地小城市的社会关系深厚，那么你在小城市会有更好的社会地位。

内在的自我定位

外在的社会地位是由现实的社会关系定义的，也就是由别人定义的，同一时期、同一地域的标准是相同的。内在的自我定位却是由自己决定的，而且，每个人因为价值观、欲望动机、知识结构、成长经历的不同，内心对自己的定位都会有所不同。

我们觉得苦行僧的生活很艰难，吃不饱、穿不暖，瘦骨嶙峋，过着自虐般的"痛苦"生活，这也是为何我们给这些修行者命名为"苦行僧"的原因。殊不知，这些苦行僧看似肉体"痛苦"，精神上却享受着"大快乐"。

在他们眼里，我们才是自虐般地过着"痛苦"生活的人，浑浑噩噩地活在物欲熏天的"炼狱"中，不仅这辈子不去修行洗脱罪恶，还执迷不悟，继续给下辈子、下下辈子种下恶缘。

因此，选择大城市还是小城市，要从你自己的"心"出发，看哪种生活和工作更符合你的内心定位。否则在别人眼中，看似你有着很好的社会地位，风光无限，幸福美满，但其实你已经抑郁多年，生不如死。

发展机会

内在的自我定位不同，每个人眼中的"发展"就会不同。你喜欢大城市的繁华喧嚣，别人却欣赏小城市的优雅宁静；你追求着大城市的教育医疗科技资源，别人却着迷于小城市窄巷中厚重的一砖一瓦；你自傲于大城市拼搏的意气风发，别人却满足于小城市生活的悠闲惬意。

外在的社会地位不同，每个人实际拥有的资源就会不同，实现这些"发展"的机会就会不同。其实所谓的"发展机会"，就是满足个人欲望的可能概率，你要从自己内在的自我定位出发定义你眼中的"发展"。

再根据你在不同城市的社会地位，分析自己实际或可能拥有的资源，判断你实现这些"机会"的概率。概率越高，证明你在这个城市的发展机会越大。

突破城市选择的限制

选择了不同的城市，就意味着不同的社会地位、自我定位以及发展机会。

理想的选择是，有这么一座城市，既满足自己的自我定位，又能给自己最佳的社会地位，并且有着源源不断的发展机会。但这个理想的选择背后有着三个隐藏的假设。

假设一：清晰的自我定位

自我定位清晰，其实是一件相当有难度的事情。很多时候，我们只能在不断地碰壁中，逐渐修正自我的定位。

假设二：不变的社会地位

分析清楚自己现实的社会关系，这是一件人人都能做到的事。但有挑战的一点是，社会关系是会随着时间推移发生变化的，而且很多时候，这个变化都是出人意料的。

我曾有个关系不错的同事，老家是山西的，家里有个小煤矿，勉强可挤入"富二代"的门槛。就现实的社会关系而言，他回山西老家能获得的社会地位绝对远远高于一名深圳普通员工的社会地位。

事实上，他也是这么选择的。在深圳工作 3 年后，2011 年回了老家。但 2012 年开始，山西开始大规模关闭小型煤矿，他家扩产失败欠下了一屁股债，他从"富二代"变成了"负二代"。老家的社会关系一夜变为负担，他只能"逃"回深圳。

假设三：必胜的发展机会

找准了自我定位，选对了城市，凭借不错的社会关系你确实会获得不少的发展机会，但这些发展机会都是有两面性的。

万一你实现机会的能力不足，可能就会从机会变成灾难。

我有一位将一手好牌打烂了的朋友。

2006 年他父母就出钱帮他在深圳买了两套房，自己和老婆都在国企工作，生活稳定。2008 年，有人找他合伙开了一家物流公司，挣扎 3 年后还是倒闭了，其间卖了一套房补贴公司亏损。自己不服气，2011 年又开了一家洗车行，一开始发展不错，因为人手不足让老婆也辞职过来帮忙。但管理不善，洗车行支撑 4 年又倒闭了，其间卖了第二套房。

2015 年因为深圳房价飙升，家里老人也无力帮忙买房了，现在人近中年，自己觉得没脸回老家，就这么租房住着，干着跑保险的工作。

因此，无论你做出怎样的选择，大城市也好，小城市也罢，因为自我定位的模糊性，社会地位的不可预测性，以及发展机会的两面性，谁都无法保证你的选择就一定是"正确的"。

对你而言，真正有保障的是，你要能给自己打磨出突破环境限制的可迁移能力，这样就再也不必担心大城市、小城市的选择问题，因此你随时都可以重新选择。

当然，如果你能像马云那样，具备改造环境的能力就更牛了，他没有将阿里巴巴搬到曾经互联网氛围更好的上海，而是将杭州变成了一个比上海更有吸引力的互联网中心。

当然，这个难度太高，你得量力而行。

同学互动 ✦ ✦ ✦

你知道大城市、小城市该怎么选了吗？如果还有疑问的话，可以进群一起讨论。

"框架的力量"社群是 YouCore 旗下交流职场问题和学习方法的免费社群，每周会挑选 4 个真实问题出来进行全员互动，更有咨询顾问提供专业解答。

关注微信公众号 YouCore（ID：YouCore），回复"互动"，加入同学互动群。

长期出差还是死守本地，
应该如何选择

—— 两步决策法

进对了行业，选好了公司，也定好了城市，但如果一份工作薪资高但要长期出差，另一份工作薪资低但可留在本地与女朋友厮守，你会如何选择？这一篇，缪志聪老师给你决策方法。

长期出差会导致情侣分手吗

我有两个大学同学，一个叫阿杰，另一个叫黎平，在同一家咨询公司。

有一段时间，公司新签了一个项目，需要去昆明长期出差。项目为期一年半，中途只能两周回家一次。

两个人都有女朋友，所以长期出差最大的问题是要异地恋了。

当时阿杰和女朋友商量之后，虽然女朋友有些不舍，但为了不影响他的发展，还是让他加入了项目。

在项目中，不管工作有多忙，他们俩每天晚上都会抽空聊一聊天，忙就时间短一些。有一次长假，女朋友还特地飞过去看他。

黎平和女朋友讨论之后，女朋友不希望他长期出差，说长期出差虽然钱会更多，但会影响感情，于是他只能放弃，只做本地的项目，没项目的时候就做一些外围工作。每天到了下班时间，女朋友就会打电话给他，要么约着陪她逛街，要么约着一起去看电影。

一次加班，他又接到电话，之前已经接了好几个。当时客户在场，他只简单地回了一句：我在开会，忙。然后就挂了。回去之后，女朋友为此和他大吵大闹：是客户重要，还是我重要，是女客户吧？！

再后来，两人冷战，谁都不理谁。最后就分手了。

而阿杰和他女朋友，经过这一段经历，不但没有分手，项目结束后，没多久就结婚了。而他也因为抓住了出差的表现机会，获得了老板的赏识，年底就升任了项目经理。

✦

事实上很多分手，决定性因素不是长期出差

黎平听了女朋友的话，怕长期出差影响感情，死守本地，还是难逃分手的结局。反之，阿杰长期出差，与女朋友异地分居，但最终却事业爱情双丰收，苦尽甘来。

黎平的简单模式竟然被阿杰的艰难模式给打败了。

如果黎平还处于出差状态，当他和女朋友分手的时候，大家一定会说："看，说过吧，不能长期出差，否则肯定分手！出差久了，变心了！"

不管他们彼此是否沟通，女朋友有多作，反正这个分手的锅都由"长期出差"来背了。但事实上，很多分手的决定性因素不是长期出差，而是这段亲密关系本来就先天不足。

成人依恋的四种类型

第一步，我们先来看看成人依恋的四种类型。

1991 年，心理学家巴塞洛缪和霍洛维茨从自我意象和他人意象两个维度出发，以积极和消极程度为基础，划分出了成人依恋的四种类型。

安全型（Secure）：自我意象和他人意象都是积极的，认为自己有价值，别人也是值得爱的。

先占型（Preoccupied）：自我意象是消极的，他人意象是积极的，认为自己没多大价值，但对他人有积极的评价。

恐惧型（Fearful）：自我意象和他人意象都是消极的，认为自己是无价值的，而且他人也不值得信赖。

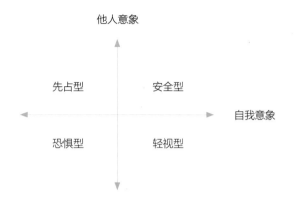

轻视型（Dismissing）：自我意象是积极的，他人意象是消极的，认为自己是有价值的，而他人是不值得信赖的。

亲密关系的双方在一段亲密关系中都会有自己的类型，两个人的类型组合对恋情的结果有巨大的影响。

比如，之前热播的韩剧《太阳的后裔》，女主姜暮烟是外科医生，男主柳时镇是联合国维和部队的特种兵，双方都认可自己的价值，同时又互相欣赏。是典型的安全型 + 安全型的组合，所以最终结局完满。

再说说另一部热播剧《我的前半生》，女主罗子君是全职太太，丈夫陈俊生是资深咨询顾问，罗子君将生活重心和人生价值全部依附在陈俊生身上，迷失了自我，认为自己没有多大价值，但对对方评价很高，是典型的先占型。

另外，陈俊生觉得罗子君单纯天真，不谙世事，所以他一直把罗子君保护起来，把世间的不如意挡在外面，但他自己又是普通人，希望有人分担他的不安和焦虑，给予他支持与安慰。

陈俊生认为自己是有价值的，对方是不值得信赖的，是典型的轻视型。

罗子君的先占型 + 陈俊生的轻视型，导致这段关系最终由表面上的幸福美满到最后的惨淡收场。

一段亲密关系中，理想的情况是双方都是安全型（这样的恋情最稳定），或者至少有一方是安全型。安全型的自我意象和他人意象都是积极的，其他三种类型都有消极意象存在。

消极的自我意象，认为自己没有价值，将自己的一切寄托在对方身上，容易疑神疑鬼，消极归因，被对方轻视。消极的他人意象，认为他人不值得信赖，容易疏于沟通，忽略对方的感受，从而又增添对方的不安全感。

所以在决定长期出差前，先要看看自己和另一半在恋情中到底属于哪种类型，看似云淡风轻，也许早已暗流涌动，这样的关系是经不住长期出差的考验的。

♠

长期出差会面临的困难及其应对方法

第二步，看看长期出差会面临的几大困难及其应对方法。

当确定两人都是安全型或者至少有一方是安全型后，说明亲密关系的先天没有问题了，下一步就要看看如何不让后天失调。

长期出差会面临三大困难：

◆ 感情上的孤独感

◆ 生活上的无助感

◆ 事业上的失落感

面对这些困难，我们该如何应对？

一、感情上的孤独感

曾经看过一句话：一万句电话里的我爱你，比不上一句我在楼下等你。虽说两情若是久长时，又岂在朝朝暮暮，但两人分居两地，还是不免会感到孤独。

平时上班忙忙碌碌，倒没有什么，但当下班回到住处，房间空荡荡的，或者路上看到卿卿我我的情侣，更会增加这种孤独感。

1. 设定长期出差的终止日

所谓长期出差的终止日，就是未来某一天，大家就不用分居两地了，或者是留守一方干脆跟着出差方一起奔走，或者是出差方回到留守方身边。

总之可以一直在一起了。时间上可能是 1 年，可能是 3 年，无论长短，都要有一个截止点，这样大家都有所期盼，知道孤独是暂时的。

2. 每天聊天

以前只能电话聊天，现在可以每天视频聊天，一方面可以见到对方，抚慰相思之情，另一方面可以多多沟通，坦诚相待。

这里的沟通，不能因为距离的原因，变得相敬如宾，而是有什么疑虑、不满都要及时分享，共同面对，这样才能把问题扼杀在萌芽之中。

3. 珍惜见面机会

每次两人在一起的时候，要珍惜机会，做一些特别的事情。比如，可以一起出去游玩，留下美好回忆。

一些严肃话题，也要利用见面的机会说清楚。毕竟视频聊天，有时候一言不合，很可能就是直接挂电话，再拨就是拒接了，而面对面的话，可以及时调整沟通方式。

二、生活上的无助感

用一句扎心的话说就是：你别哭，我抱不到你。

平时顶多只是感到有点孤独，如果生活中遇到一些不顺，还会感到无助。

比如，生病虚弱的时候，没有人在身边。如果有了家庭，孩子生病了，只能留守方送孩子去医院，他/她既要工作，又要照顾孩子，有时实在是忙不过来。

减轻这种无助感的方法有三种：

1. 积极出谋划策

虽然出差方不在现场，遇到问题，大家还是可以积极想办法的，不要抱怨。

2. 争取周围的力量

争取身边亲属、朋友的力量，看谁可以帮忙。

3. 尽快赶到现场

即使出差方不能第一时间在现场出现，也要争取能腾出时间，晚一点赶到现场，做一些弥补。

三、事业上的失落感

特别是有家庭的，因为一方不在家，家务琐事、育儿难题都集中到另一方身上，事业势必会受到影响，有的甚至不得不放弃事业。

独自在家的孤独感，生活不顺的无助感，再加上事业差距导致的失落感，很有可能激化长期出差的矛盾。

即使原来在亲密关系中属于安全型的一方，也可能慢慢降低对自己的认可，变成矛盾型，如果再怀疑对方，就会变成自我意象和他人意象都是消极的恐惧型了。

为了避免这种情况的发生，要做到两点：

1. 留守方不能失去自我

即使留守方不能工作，也可以发展自己的其他兴趣，提升自己的能力，保持对自己的认可与独立性，让自己更自信。

2. 出差方鼎力支持

出差方要鼎力支持留守方的进步，只有两人共同前进，未来才能走得更远。

✦

请先检查亲密关系是否"先天不足"

随着时代的发展，越来越多的人会因为工作的原因，面临着长期出差或死守本地的选择。

为了避免长期出差导致分手的情况，首先要检查亲密关系是否"先天不足"。

成人的依恋关系分为四种类型：安全型、先占型、恐惧型、轻视型。

在一段亲密关系中，理想的情况是双方都是安全型（这样的恋情最稳定），或者至少有一方是安全型。

如果"先天"检查没有问题，做到不"后天失调"就需要你的真诚和用心了。

同学互动 ━━━━━━━━━━━━━━━━━━ ✦ ✦ ✦

你在亲密关系中属于哪种依恋类型？你面临过长期出差和留守本地的选择吗，你是如何行动的？

更多实践中的问题，进群有 5W+ 框工帮忙解答。关注微信公众号 YouCore（ID：YouCore），回复"互动"，加入同学互动群。

3.6

如何做到
工作与生活的平衡

——高效工作，不被消费主义洗脑

◇

聊了这么多关于选工作、换行业的问题，那生活怎么办？这一篇，缪志聪老师跟你分享如何做到工作与生活平衡。

✦

生活与工作真的如此难以平衡吗？

前不久，在一档真人秀节目中，一位明星在谈到回家问题时说，自己一年只能回家一两次，以前空闲多但是机票太贵，现在负担得起机票但又没空闲了，自己原先工作的初衷是为了给家人更好的生活，但现在却因工作太过忙碌而无法与家人团聚。

其中有一句话特别扎心：我特别怕努力的时间太长，家人等不及。

工作与生活如何平衡，这是这个时代摆在我们每个人面前的问题。

《第一财经周刊》曾发布一份《都市人压力调查报告》。在调查中有这样一个问题：在生活中，你的压力感来自哪里？（多选）

结果有 46.17% 的人选择了工作与个人生活失衡严重，此选项位居众多选项榜首。

难怪之前那封简短的辞职信"世界太大，我想去看看"，会激起社会的广泛热议，因为说出了太多人的心声：生活不止眼前的苟且，还有诗和远方。

可是，生活与工作真的如此难以平衡吗？

✦

避免虚假需求

回顾人类历史，早期的采集时代，每天采集野果，猎杀动物，累计工作时间不超过几个小时，大部分时间就是八卦聊天，嬉戏打闹。这时有所谓的工作生活平衡问题吗？没有。

之后到了农耕时代，日出而作，日落而息，也没有什么工作与生活平衡的问题。

直到工业时代的来临，工作与生活平衡的问题产生了。

随着人类生产力水平的不断提升，为了适应扩大再生产的需要，平衡生产与消费的关系，消费主义开始盛行。

整个社会铺天盖地地给忙碌工作的人们勾勒美好生活，设计出各种享受人生、放纵欲望的生活方式。但这些美好生活，都离不开消费，也就是离不开钱。

美国哲学家马尔库塞在《单向度的人》这本书中写道：最流行的需求包括，按照广告来放松、娱乐、行动和消费，爱或恨别人所爱或所恨的东西，这些都是虚假的需求。

我们正是为了这些虚假的需求、虚妄的幸福每天在奔波忙碌。这些需求越多，我们就要花更多的时间工作才能满足。

这些虚假的需求并不是真正的美好生活，生活的美并没有那么复杂。

之前一位同事分享过他与孩子的一段对话，当时他正准备起身上班，这时孩子依依不舍。

孩子：爸爸，你别去上班了。

爸爸：不去上班，就不能给你买玩具了哦。

孩子：我不要玩具了，只要爸爸多陪陪我。

美好的生活并不需要都像广告中一样豪宅豪车。对于家人朋友，多一份陪伴，也许就是他们真正需要的。

真人秀节目的明星，为了给家人他心目中的"美好生活"，拼命赚钱。殊不知，家人所需的真正生活，可能并不是高消费的锦衣玉食。

在消费主义的洗脑下，我们口中"工作与生活平衡"的这个"生活"，已经不是真正的生活，而是每天耗费 24 小时，一辈子赚一个亿都已经满足不了的消费主义欲望。

因此，只要你愿意放弃消费主义滋养的虚假需求，留意生活中的平凡之美，你就会发现，生活并没有那么多需要你耗费大量时间去满足的需求（全球旅游到底是你需要的，还是广告告诉你"你需要的"），也没有那么多一定要你去拼命赚钱以满足的需求（如扎克伯格可以开一辆 1.6 万美金的本田飞度，为何你一定要开一辆价值百万元的豪车）。

让工作更高效

除了减少生活中的虚假需求，要做到工作与生活平衡，还有一个很重要的手段，就是从工作入手，提高工作效率。

我之前遇到一个年轻人，他毕业后从事运营工作，做了没多久就提出要转行，说工作与生活不平衡，他不能为了工作而放弃生活。深入一聊，才发现他口中的不平衡，实际上是工作效率太低，总是完不成目标，只能每天加班，于是工作与生活不平衡就变成了最好的借口。

有些时候，所谓的工作与生活不平衡，只是在工作方面受挫，想将生活作为自己舒适的避风港。一旦工作做得风生水起，找寻到自己的价值，不再把工作当作煎熬，不需要逃避，也就没有所谓的平衡问题了。

如果事业有成，即使遇到工作与生活冲突的情况，你也可以有更多选择，更多的腾挪空间。

可口可乐公司副总裁张华莹，在一次演讲中分享过这样一个故事。

2004 年她面临一个选择，公司总部准备成立饮料与健康研究所，让她去美国做研究所所长。

开始她已经答应了总部，后来考虑再三，想到自己4岁的孩子，就给老板打电话，提出离职（因为当时她手上的工作已经转给了别人）。

老板没有接受她的离职，而是让她给自己20分钟再协调一下。

20分钟后，老板问她：在北京可以吗？最终她被留了下来。

只有破产的公司，没有倒闭的个人。一个人只要在工作中创造出了价值，工作与生活不平衡的时候，就会有更多的方法来协调，而不会一边喊着不平衡，一边只能默默承受。

学会角色切换

懂得放弃消费主义滋养下的虚假需求，具备了高效工作的能力，对你而言，几乎就不存在所谓工作与生活平衡的问题了。

如果你能进一步学会角色的切换，那么生活与工作平衡的问题对于你来说，就是一个彻头彻尾的伪命题了。

有的人眼中的工作与生活平衡，就是每天两者都可以兼顾，朝九晚五，工作归工作，生活归生活，两者互不干扰。但现实很可能是九九六，早上9点上班，晚上9点下班，一周工作6天，如果工作中再出现点突发状况，一天留给生活的时间就更少了，估计回到家就倒头睡觉了。

事实上，平衡并不意味着一定要每天按固定时间在工作与生活间切换，更好的办法是拉长这个切换周期。

比如，有的人是忙碌了一周，用周末的时间好好放松一下；还有的人以项目为切换周期，忙完一个项目，就出去旅游一次，面朝大海，春暖花开。

我之前认识一个同事，平时在做项目时，工作起来很拼，经常加班，毫无怨言，但每年总会抽出一整段时间带家人四处游历，当他在朋友圈中晒照片的时候，总有人羡慕不已，感叹别人在云游四海，享受旅游的快乐，自己却在辛苦地上班。殊不知，别人只是将工作与生活切换的周期拉得比较长而已。

该工作的时候全力工作，该生活的时候好好生活，这是最好的平衡状态。

甚至有的人，做到了工作即生活，生活即工作，两者完全融合，就更没有所谓的工作与生活平衡的问题了。

结束语

生活与工作的平衡，不是一个简简单单的切分时间的游戏，而是在找寻自己向往的人生状态。

当你在生活中不为消费主义所洗脑，有自己对生活的理解，在工作中方法得当，游刃有余，自己掌控工作与生活的节奏时，这就是平衡。

同学互动 ━━━━━━━━━━━━━━━ ♠ ♠ ♠

生活中有哪些消费陷阱让人落入其中却不自知？应该如何远离消费陷阱？

"框架的力量"社群是 YouCore 旗下交流职场问题和学习方法的免费社群，每周会挑选 4 个真实问题出来进行全员互动，更有咨询顾问提供专业解答。如果你有任何问题，不妨入群告诉我们。

PART —4

方 法

找 对 方 法，
2 年 顶 别 人 10 年

如何一接触工作，
就拉开与别人的差距

—— 新工作上手三板斧

————◇————

掌握了正确的方法，工作 2 年能抵别人 10 年。就让我们从上手新工作开始，请王世民老师传授第一个正确的工作方法吧。

职场学习的三大策略

人和人之间为什么会产生差距？

原因无非两种：**一是先天的出身；二是后天的学习。**

出身无法改变，但学习可以改变。特别是进入工作后每个人都面临着两个问题：该学习什么？该怎么学习？

其实，当你在关注着工作后是怎么产生差距时，殊不知差距早已经产生了。

早在你刚进入公司时，或是在刚刚拿到 offer 之后的那几天里，就已经有人将你远远地甩在后头了。

那么究竟要怎么做，才能在接触到一份工作时就快人一步呢？

王世民老师所著的《学习力》书中介绍过职场学习的三大策略：**功利性、框架、可迁移**，通过下面四步你就可以做到：

步骤一：理清楚。理清楚新工作的内容。

步骤二：搭框架。搭建新工作的个人知识库。

步骤三：主动填。主动往知识库填充内容。

步骤四：成套用。成套使用，开挂地积累经验。

理清楚新工作的内容

为了不让自己处于没事做，找事做，找到事做却又出一大堆问题的尴尬境地，理清工作内容这一点很有必要。

那么如何理清工作内容呢？主要分以下几个部分：

一、弄清楚工作职责

首先列出面试时提到过的，以及入职后各种场合提到的你可能要做的事，对照部门职责和你自己的岗位职责，整理出一份要做事情的清单。整理好后，第一时间约你的直接上司确认一下。

这样做了之后，就算你的工作没有入职培训，基本上也可以了解到自己应该做什么了。

二、画出工作流程

经过第一步，弄清楚工作职责后，你知道了自己要做哪些事，但这些事应该怎么做，你还是不知道。

因此，还要画出做每件事的具体流程步骤是怎么样的，每个步骤都会涉及哪些人。

三、找出工作所需的资源

经过第一步，弄清楚工作职责；第二步，画出工作流程后，就知道事情大体是怎么做的了。

① 弄清楚工作职责

② 画出工作流程

③ 找出工作所需的资源

不过如果你动手去做的话，就会发现有些活可能还缺资源，因此还需要第三步，找出工作所需的资源。比如，定个酒店会议室做活动场地，至少你要有公司的签约酒店清单以及预算的费用吧。

因此，你还要将工作流程步骤中的内容，一个个检查一下，看看都需要哪些资源，自己知不知道这些资源可以从哪儿获得，应该如何申请。

完成上述这三步之后，相信你已经很清楚新工作应该做什么，需要具备什么技能、资源了。这时再针对性地去请教同事、领导，必定事半功倍，这三步我将它称之为"新工作上手三板斧"。

搭建新工作的个人知识库

理清楚工作内容后，你就会发现这个内容真的不少，光靠脑子肯定是记不住的，一股脑都堆在电脑里也不行，因为想用的时候可能根本就找不到。那要怎么办呢？

其实也简单，你要为新工作搭建一个个人知识库。

一般而言，你可以将这个个人知识库分为三个层次：**工作流程库、业务知识库、岗位能力库。**

以工作流程库为例，你可以用几个 Excel 表来整理各个工作流程。比如，一个社群的话题讨论流程，你可以在 Excel 表内的横轴记录步骤，左侧的纵轴记录涉及的角色。

根据话题讨论的流程，横轴上就可以先写上"讨论前""讨论中""讨论后"。

接着，在每个阶段的下方，分解出子步骤的内容。比如，你可以将"讨论后"分解为"整理讨论结果"和"发布讨论结果"两个步骤。

步骤 角色	讨论前		讨论中		讨论后	
	选择话题	包装话题	……	……	整理讨论结果	发布讨论结果

横向的流程步骤填好后，你就可以在最左侧的纵轴上，自上而下填入相关的部门或人员，如运营总监、部门主管、自己等。

步骤 角色	讨论前		讨论中	
	选择话题	包装话题	……	……
运营总监				
部门主管				
自己				

整个流程框架搭好后，你就可以将已经搜集和了解到的具体内容填写在对应的位置了。

将每一个步骤都这么整理后，你就有一个完整的流程框架了。这样，无论是接下来的学习还是工作应用，就都有了一个很好的指导。

至于如何搭建业务知识库、岗位能力库，在此就不多做叙述了，感兴趣的读者可以去查阅《学习力》这本书中的相关章节。

✦

主动往知识库填充内容

完成上面两步之后，就要主动地填充这个知识库了，包括学习所欠缺的知识、必须要掌握的技能和能力。

这个步骤需要掌握两个技巧：

技巧一：主动往个人知识库填充内容

为何要主动地往个人知识库填充内容呢，举个例子你就明白了。

比如你和同学一起参加了公司新人培训，每次课后他都有好多问题，你却一个都没有，觉得老师讲得挺简单、挺清晰的，心里还嘀咕，这家伙怎么变得这么笨了！

结果一开始工作，这才发现自己做啥啥不会，干啥啥出错，可同学却很快就处理完了，好像工作需要的本领他都会。

原来，他一开始就构建了新工作的个人知识库，知道有哪些知识空白要填充，因此每次参加培训，他将培训内容往这个知识体系填充的时候，发现有不清楚的或缺漏的，就自然有问题想问。

因此能否主动地往个人知识库中填充内容，决定了哪怕经历同一件事，积累的经验也是完全不同的，从而职场成长速度就大不相同。

技巧二：工作中立马就用的先学

一般新工作上手的时候，时间有限，如果把工作所需要的全都学一遍是肯定来不及的。

而且，学了如果不能立即就用，那忘记的概率基本会高达 90%。

成套使用，开挂地积累经验

完成了理清楚、搭框架、主动填这三步之后，相信你的个人知识库应该已经填满了内容。但这些都是未经检验的理论，需要你将这些理论内容在工作中实际使用，并根据使用中的情况反过来做修改和完善。

这部分，我称之为成套使用。成套使用要求你对照流程图中的步骤，有意识地去完整应用，而不是被动地、零散地，一个点、两个点地去应用。

以步骤二的社群话题讨论为例。

你要将整理好的话题讨论流程框架作为一套模板，每开始一次话题讨论的时候，就将这个模板复制一份，然后照着模板中的流程步骤一步步来做。比如，在讨论前，就按照选择话题、包装话题一步步地做。

步骤　　　角色	讨论前		讨论中	
	选择话题	包装话题	……	……
运营总监	×××	×××		
部门主管	×××	×××		
自己	×××	×××		

参照步骤内容执行

这么做的好处就是，你每次都全面练习了这个工作流程的环节。

因此你实践一次积累的经验，那些没这么做的人要重复5～10次后才能做到。

结束语

运用上面的四步：理清楚、搭框架、主动填、成套用，你不仅做事有套路，而且每一次实践都能比别人多积累5～10倍的经验。

这也是为何有人用2年工作经历就能有一般人10年工作经验的最大秘密。

同学互动 ———————————————————— ♠ ♠ ♠

　　通过"理清楚、搭框架、主动填、成套用"这四步学习方法，相信你能很快在工作上赶超他人，如果在实际运用过程中碰到任何问题，记得可以通过微信公众号 YouCore 联系我们。

整天瞎忙，
如何抓工作重点

——1 个理念，4 个步骤

———◆———

工作能力强了，职位上升了，负责的事情就会多了，一不小心就会陷入整天瞎忙的状态。这一篇，谭晶美同学跟你分享，她在 YouCore 扛着比普通人至少多 2 倍的工作，是如何做到重点突出、井井有条的。

♦
事情太多，根本忙不过来，怎么办

大学室友最近工作上碰到点问题，就告假来深圳休整一阵子。

室友说一开始他手上的事情太杂了，根本忙不过来，于是她就和老板深聊了一次，最终确定把工作重点放在市场策划上，但现在发现重点工作又没忙出啥成果。

"前段时间是忙不过来，这段时间是忙得毫无成绩！

"这不就来深圳散散心了。要不你帮我分析分析，看看我到底出啥问题了？"

既然室友发话了，我就帮他一起分析了一下，没想到还真找到了问题的根源。

原来她的问题出在下面两点上：

1. 缺乏"以终为始"的工作理念，忙的是过程而不是结果；

2. 没掌握区分工作轻重缓急的方法，忙的都是非重点事项。

说白了，就是瞎忙！

♦
为什么会瞎忙

问题一：缺乏"以终为始"的工作理念，忙的是过程而不是结果

"以终为始"（Begin with the end in mind）源自史蒂芬·柯维的《高效能人士的七个习惯》，它讲的是：任何事物都需要两次创造，第一次是在脑海里酝酿，第二次才是进行实质创造。换句话说，就是想清楚了目标，然后再努力实现。

它包含两层含义：

1. 以最终结果为目标，在行动前定下每一步走向结果的工作内容；

2. 以最终结果为标准，在行动中及时调整自己的工作方法。

但这里面还有一个关键点是，**"以终为始"中的"终"到底是什么？**

我问室友，你的工作重点是怎么确定的？她回答说是根据自己的岗位要求。

室友的问题，其实就是我们在识别工作重点时出现的最大问题：按照岗位要求，而不是核心指标来定自己的工作重点。

岗位职责一般是粗放的，而且落后于最新情况。可以说，岗位层级越低，接受工作时越被动。

如果你不能看到自己工作背后的价值和存在的逻辑，那就只能像我大学室友一样，被动地看着自己原有的重点工作不断被打破，工作内容总是在变，自己却无能为力。

而且仅从岗位要求出发的工作思维，也会给你的职业发展埋上一个极大的坑：你的思维被本岗位限制，仅从局部考虑问题，加大了你往下一个岗位提升的障碍。

问题二：没掌握区分工作轻重缓急的方法，忙的都是非重点事项

一般人区分工作轻重缓急的方法，就是四象限法。四象限法把工作按照重要和紧急两个不同的维度进行了划分，并且给出了**"马上做""计划做""授权做""减少做"**的工作策略。

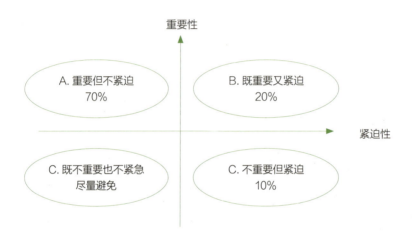

但在实际操作中我们会发现，四象限法其实很难在实际中应用，主要有两个原因。

1. 事情的紧急性会造成它很重要的假象

比方说，你的大老板越过两级你的直属领导，让你在今天内帮他做出一份 PPT，你很开心，觉得自己受重用了。那么问题来了，这件事情究竟重不重要呢？

这其实涉及区分工作轻重缓急的两个标准。一般来说，是否紧急很容易判断出来，因为截止时间一出来，就知道事情是否紧急了。但是重要性，

就比较难判断了。

2. 四象限法有它的局限性

在事情多的情况下，即使分成"重要紧急"也没什么意义，这种归类方式不能指导你下一步怎么处理这些事情。比如紧急重要的事情有 A、B、C 三件，先做哪件根本就无法判断。

怎样才能不瞎忙

第一，根据公司业务的核心指标，确认"以终为始"的"终"

每个员工存在的目的都是为了达成核心指标，在核心指标确定的基础上，每家公司都会根据自己的业务设计和组织架构进行核心指标的分发，这个时候往往职位越高，成果要求与核心指标越接近。

比如一家以盈利为目的的互联网公司，它的核心指标就是一年的营收。CEO 要做的成果要求就是达到一个具体的数额；负责某一项业务的总监，就要根据整个营收额的分配，达到他负责业务的销售额；而团队下的部门经理，既要承担流量指标，又要承担转化指标；再往下的部门成员，可能就只负责单一渠道或领域的业绩指标。

因此要对"以终为始"中"终"有准确的认知，就需要你非常清楚公司的核心指标、业务设计和组织架构，只有这样你才能找到自己的准确位置，做正确的事情。

第二，列工作计划，定下每一步走向结果的重点工作

很多人列工作计划，只是把要做的事情流水账式地记下来，但"以终为始"的工作方式需要我们做任何工作内容都是奔着结果去的，工作计划必须

针对具体的业绩指标，一步步地分解实现步骤。

这样做有两个好处：

1. 对工作内容进行预演，行动前就做到心中有数，确保自己每一步都走在正确的路上。

2. 对每次实现步骤的结果进行预估，这样在后续行动中，发现有达不到预期的地方就可以及时修正。

第三，以核心指标做最终工作指标，在工作中及时调整工作重点

是的，重点工作也需要不断做调整，碰巧我就踩过这个坑。

有一段时间，我的临时工作突然多了起来，而且大多是和我的重点工作排期相冲突的，这让我十分焦虑，因为单从绩效来说，我每周都要完成相应的流量指标。特别是在每周最后两天的时候，我一心盯着工作绩效，临时任务当然也是匆匆了事。最终结果就是绩效没达标，临时性工作也出了纰漏。

还好王老师及时找我沟通，明确了这些临时工作其实是更靠近公司的核心指标的，也帮我重新调整了自己的工作重点。

对初创团队来说，及时调整工作重点的能力可能更为重要，因为每个同事都要身兼数职，这时候把控住核心指标，将它作为一切工作的指南，是尤为重要的。

第四，先做最重要的，弹性时间安排紧急的

相比于采用四象限法进行时间管理，其实我们在规划工作的时候有一个更简便的参考标准：只考虑重要的事情，不需要考虑紧急的事情。

具体的操作方法是：

1. 按照和关键指标的相关度进行重要事件的排序，同时留出弹性时间；
2. 执行时只考虑紧急的事情，在弹性时间内插入紧急事件即可。

结束语

之所以会瞎忙，究其原因就是：

1. 缺乏"以终为始"的工作理念，忙的是过程而非结果；

2. 没掌握区分工作轻重缓急的方法，忙的都是非重点事项。

如何应对呢？有四条小建议：

1. 根据公司业务的核心指标，确认"以终为始"的"终"；

2. 列工作计划，定下每一步走向结果的重点工作；

3. 以核心指标做最终工作指标，在工作中及时调整工作重点；

4. 先做最重要的，弹性时间安排紧急的。

同学互动　　　　　　　　　↑ ↑ ↑

知易行难，希望你已经开始行动了！

在行动过程中如果碰到问题，可以免费进入"框架的力量"社群进行多对一解惑。"框架的力量"社群是 YouCore 旗下交流职场问题和学习方法的免费社群，每周会挑选 4 个真实问题出来进行全员互动，更有咨询顾问提供专业解答。

关注微信公众号 YouCore（ID：YouCore），回复"互动"，加入同学互动群。

4.3

原来，
提高执行力可以这么简单

——利用"承诺与一致"原则

方法懂了很多，但如果执行力不足没去做，那跟没学就没什么区别了。那么，如何才能拥有超越常人的执行力呢？刘艳艳老师出马为你分享她的方法。

学会承诺

2016 年下半年，我给自己制订了一份详尽的阅读计划，但是 1 个月都没坚持完，就中断了。

2017 年 3 月初，我又给自己制订了每天运动的计划，4 月初被证明失败了，没坚持下来。

2017 年 11 月起，我给自己制订了每天工作复盘的计划，至今一天不落地在做，而且，连以前半途而废的阅读和运动计划也都重新开始 3 个多月了。

是什么让我有了如此大的改变呢？

其实答案很简单，就是"承诺"！

我书面跟王世民老师发了个保证，每天会给他发工作复盘。（关于如何复盘，请参考第四章第四节文章《学会复盘，胜过 10 倍无效努力——"7-2-1"职场高效学习原则》）

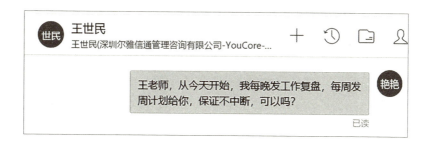

✦

承诺与一致

人一旦做出了承诺，自我形象就要承受来自内外两个方面的一致性压力。一方面，人们在心里有压力要把自我形象调整得与行为一致；另一方面，外部还存在另一种压力，人们会按照他人对自己的感知来调整形象。

什么意思？咱们来具体看个例子：

有一次我从哈尔滨飞深圳，由于到机场早了，便找了一家看起来还不错的咖啡厅准备去坐坐。刚进去，服务员就很热情："您好，想喝些什么？果汁、咖啡、茶？您这边先请坐吧。"

我理所当然地坐下了，然后顺口答了句："嗯……咖啡吧！"

服务员："您好，这是我们的菜单，咖啡在这里。"

我接过菜单一看，咖啡 88 元，红茶 48 元。（此处为心里旁白：我就是想坐坐打发时间的，不点红茶却点咖啡，这不傻子吗……）

可我将菜单翻来翻去（其实就一页），最后还是说了句："嗯，一杯拿铁。"（我在心里都恨不得踹死自己，换成点一杯红茶就这么难吗……）

你看，承诺的作用就是如此巨大。

即使我心里再不愿意点咖啡，我还是没有选择相对更加"便宜"的红茶，因为我开头承诺了我想喝一杯咖啡……

为什么我们会有如此强大的动力去信守承诺呢？

这就是罗伯特·西奥迪尼在《影响力》一书中揭示的：因为在我们的认知里，大多数情况下，保持一致都是一种最具适应性、最受尊重的行为。

保持一致性是一种最具适应性、最受尊重的行为。

——罗伯特·西奥迪尼《影响力》

利用"承诺与一致"提高个人执行力

既然承诺的价值这么大，那为何有人天天做"承诺"，执行力却一点没见长进呢？

这是因为他们没有将"承诺与一致"的原理发挥好。

怎样才能真正发挥出"承诺与一致"的作用呢？我总结了三个主要的方法：

方法一：个体承诺，向某个个人做出承诺

要想让这种承诺发挥作用，你一定要遵守以下三点原则。

1. 自主承诺而非被强迫做出的承诺

举个例子，男朋友前段时间觉得我一个人做饭实在太辛苦了，自己主动承诺要每天洗碗。从这两个月的情况来看，执行得还不错。

但是我之前让他帮忙洗衣服，只需要花放进洗衣机的工夫，有三次他都要推脱两次。

因此，承诺一定得是你心甘情愿主动要求做出来的。由于是自己主动对他人做出的承诺，所以不会受客观环境限制，会想方设法与自己之前的承诺保持一致。

像我做出每日发工作复盘的承诺，就是我痛定思痛之后，自己心里特别想做的一件事。

2. 承诺的对象是能影响你的人

能影响你的人主要表现在：

a. 他和你要承诺做的这件事有关；

b. 你很在意他对你的看法；

c.如果可以的话，他还能给你提供意见或建议（这个有助于衡量你做的事是否是有效的）。

举个例子，如果你想练出六块腹肌，那么你可以将每天坚持健身这件事承诺给你很喜欢但没追到手的女孩子。我相信不久之后，不但六块腹肌有了，女孩子你也拥有了。

我之所以选择给王老师做承诺，就是因为他是我的老板。我如果郑重其事地给他做了承诺，又没有做到的话，那轻则影响我在他心目中的印象，重则影响我在公司的晋升与发展。不仅如此，他还能给我的复盘提出针对性的建议，对我成长也有帮助。

正是因为给自己逼到了这个境地，所以每次当我累得想偷懒的时候，一想到不发当日复盘的恶果，都能瞬间打起精神发完复盘后再休息。

3. 书面承诺而非口头承诺

书面承诺远比口头承诺更具约束力，它会在心理上给你一种正式的感觉，而且接受你承诺的人也更会当成一回事。

方法二：公开承诺

公开承诺是与个体承诺相对的一种方式。如果你担心只承诺给一个人还不一定有效果的话，那么可以尝试公开承诺的方法。

当"承诺"被公开后，会有更多的压力来迫使"承诺方"履行自己的诺言。我们也经常会看到微信群或朋友圈中有朋友发早起打卡截图或者其他学习截图的信息。

这其实也是靠"承诺与一致"原理来通过公开承诺这种外部压力的方式来让自己坚持做某件事。

但朋友圈的人并不一定都会关注你的行为，或者朋友圈中只有一小部分人是你在意的对象。所以对有些人来说，通过发微信群或朋友圈也不一定能够起到很好的作用。我经常会看到有些人发着发着就没有消息了。

因此要特别注意：采用公开承诺的方法也要遵循方法一"个人承诺"中讲到的三点原则。

方法三：赌约承诺

采用赌约承诺的方法是短期见效比较快的方式，如果有这方面的需要也可以尝试，但从长远来看，不建议采用这种方式。

记得以前的市场部有一个契约，上班迟到发红包。前一周效果很好，确实迟到的人数减少了，但到了第 2 周和第 3 周，上班迟到的人数不少反而增加了。因为大家都觉得与发红包相比，上班迟到似乎对自己更受益。除非发红包的金额大于个人所承受的心理范围或当事人对金钱很在乎。

因此，在某种程度上，赌约承诺所带来的效果容易适得其反。

如何防止别人利用"承诺一致"左右你的行为

承诺一致如此有效，你在现实生活中也要防止被别人利用这一点，引诱你掉入陷阱。

其实，当我们落入"承诺陷阱"的时候，自己通常都会有一种特别的感觉：这种情况好像不正常。

比如，我在飞机场点咖啡而没有点红茶的时候，我心里就明显体验到了一种不舒服的感觉。只不过我压抑住了这种感觉，还主动找了很多理由来说服自己点咖啡：

1. 这家的咖啡应该是有特殊工艺的，口感可能跟其他地方不太一样；

2. 这里是机场，机场的东西肯定会稍贵一些。

但是，假如我正视自己的感觉，把我当初想点咖啡的"承诺"抛开掉，回归我最本质的需求 —— 我只是想找一个地方让我这几个小时过得不是那么无聊 ——那么点一杯红茶也无所谓啊。

总之，当你感觉被"套路"的时候，正视你的感觉，然后找到你最本质的需求。这样，你就能跳出"承诺陷阱"了。

结束语

你有没有想做但一直没做的事？尝试用用"承诺与一致"的原理吧，效果可能好到让你难以置信。

但在做出"承诺"时，千万要记得遵守下面三点原则：

1.自主承诺而非被强迫承诺；

2.承诺的对象是对你有影响的人；

3.书面承诺而非口头承诺。

当然，可能你的效果无法像我说的这么显著（毕竟，接受你承诺的人最好也得是一个相当有执行力的人，这样才能更好地帮你坚持下来）。

但采用这种方式一定能帮你比以前更好地坚持。

同学互动

你有在进行什么行动计划吗？哪一种承诺方式更适合你的行动实施呢？欢迎在微信公众号留言，分享给我们。

成功坚持了 21 天的朋友，还会收到我们精心给你准备的礼品哦。

4.4

学会复盘，
胜过 10 倍无效努力

—— "7-2-1" 职场高效学习原则

◇

　　有句名言，叫作天才在于积累。用优秀的方法完成了很多工作，但如果不会复盘的话，那经验积累就大打折扣了。本篇谭晶美同学再度出马，跟你分享工作复盘的方法。

✦

牛人的分享和自己的总结哪个更有效

2月春节刚回深圳，朋友们聚会，大家聊起了学习这件事。从看什么书，听什么课，一直聊到参加了什么大咖见面会，所有人都聊得挺开心。

"上进青年"带来的一种热烈的优越感氛围也在身边萦绕开来。

这时候有人抛了一个新问题：听了别人这么多的经验、总结、分享，你们平时都是如何沉淀自己的经验的呢？

刹那间，刚刚还讨论得热火朝天的聚会现场瞬间就沉寂了下来，安静得仿佛能听到优越感幻灭的声音。

我想起自己这两年忙着看书，忙着听课，却唯独没有时间空下来认真整理、复盘自己的工作。看似挺努力的，但明显成长与努力并不成正比。

怎么办呢？

聚会回来后，我决定好好沉淀一下自己的经验。可一动手就傻眼了，怎么沉淀？

一番网络搜索和请教咱们 YouCore 内部的各大高人后，终于找到一个高效的方法：复盘。

✦

复盘：一个有效的学习落地方法

20 世纪 80 年代，国际创新领导中心的摩根·麦考尔和同事们开展了一系列的研究。在调查了那些成功且卓有成效的管理人员之后，他们把成人学习的途径大致分为了三类：

1. 从书本或外部学习、培训获得；

2. 向有经验的人或公司习得；

3. 个人的工作实践和事后复盘。

最终的研究结果显示，这三种途径在提升人的能力方面所起到的作用分别是 **10%**、**20%** 和 **70%**，这就是著名的 "**7-2-1**" 学习原则。

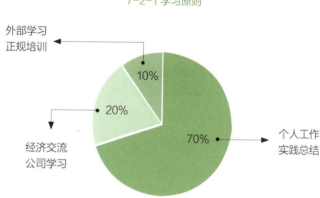

7-2-1 学习原则

也就是说，从个人实践经历的复盘中获得的学习效果，要比听一个分享课程的效果好上 6 倍。但很多时候我们却缘木求鱼，生生地光在学习方式上就被拉低了好几个段位。

复盘不同于总结，"总结" 存在着明确的目的导向，最终需要得出一个明确的结论。比如你的工作总结的目的只是为了向上司要资源，或者是跟老板展示成绩谋求升职（在微信公众号 YouCore 后台回复 "2007"，可以获得一份 90 分的工作总结指南）。

所以如果只针对学习层面的话，它并不是一个有效的学习落地方法，而复盘恰好弥补了总结的这个缺陷。

"复盘" 一词原本是围棋术语，棋手平时在训练的时候，大多数时间并不是在和别人搏杀，而是把大量的时间用在复盘上：

每次博弈结束后，双方棋手重新在棋盘上把刚才的对局再重复一遍。看看哪些地方下得好，哪些地方下得不好，哪些地方可以有不同，甚至是更好的下法。

可以说，下围棋的高手都有复盘的习惯。在工作中，擅于自我复盘的话，至少有三点好处：

1. 找出问题，确定下一步改进行动；

2. 固化流程，提高以后的做事效率；

3. 沉淀经验，不断强化自己的优势能力。

♠

如何有效复盘

复盘本身并不是去特别关注到底任务的结果是好还是不好，因为它是以学习为导向的，也就是说，无论是好还是不好，这个事实已经发生了。

那么，我们做复盘的目的，就是要从这个过程中去学到经验和教训，找到未来可以改进的地方。很多时候，成功更需要复盘，因为有时候成功是偶然的，如果不进行复盘的话，成功不一定能再现。而复盘的过程就是让成功的因素不断重现并放大，把失败的因素找出来并剔除。

复盘的步骤大致可以分为四步：

第一步：回顾目标，确认基准

假如你是一位活动策划，前两天刚做了一次线上活动，老大给你的指标是这次要有 100 位参与者。那么在这次活动复盘中，你的目标是什么呢？

如果你的回答只是有 100 位嘉宾参与，那么等到复盘时你可能就要哭了。因为嘉宾邀约的过程中是有很多个环节的，比如，你应该主动联系多少嘉宾，最少应该保证多少嘉宾应允参加等。

漏斗分析

每个阶段

转化率

情况模型

这个过程就是所谓的漏斗分析，各种构成漏斗分析的主要步骤同样需要明确各项数据基准，作为项目关键指标的延伸和改善。

除了漏斗分析外，还有每一层级的嘉宾之间的影响系数是怎样的。比如说某个 KOL 的影响力特别大，他一来就能带动一大批人一起来，这也是需要考虑的范围。

但如果你在行动前没有这些数据的规划，那么在复盘时，即使提出了很多分析假设，也都会因为没有具体的数据基准做参考，让所有的原因假设变得不可验证，更别提找到项目失败或成功的根本原因了。

所以，有效复盘的一个基础就是在项目行动前，就已经对最终目标做了过程目标的拆解。同时保证目标清晰、明确，为后续评估结果、分析差异树立基准。

第二步：评估结果，用数据支撑

如何评价一份简历的好坏？

李开复先生这么说，数一数你的简历上有多少数据（如用户、转化、销售额），再数一数简历上有多少形容词（如勤奋、努力、上进），每个数据加五分，每个形容词扣一分。

对于项目成效评定来说，也是同样的道理。比起感性的推测，数据才是最靠谱的反映。

依然拿上面的活动复盘为例，在评估结果时，我们对照着基准目标，将数据填入"复盘跟进表"中。活动效果如何，一目了然。

复盘跟进表（略表）

	邀约总人数	KOL 邀约		应允总人数	应允邀约比	KOL应允人数	……		参与总人数	参与应允比	参与邀约比
		邀约人数	邀约占比								
基准目标	300	10	3.30%	150	50%	……	……		100	66.70%	33%
活动复盘	350	13	3.70%	182	52%	……	……		87	47.80%	24.90%
目标完成比	116.70%	130%	112.10%	121.30%	104%	……	……		87%	71.70%	75.50%

成熟的复盘者在基准目标确认阶段，其实已经懂得用数据说话。但是如果你是第一次做此类复盘工作，实在没有数据可以参考的话，也就只能拍脑袋定数据了。

第三步：找到差距，分析原因

复盘是对项目的所有细节进行重新思考的过程。我们需要对照着目标，对每一项关键数据进行产生差距的分析。

我们挑几项来看一下：

邀约总人数这一项，基准目标是 300 人，但在实际操作过程中邀约了350 人，说明嘉宾储备池运作良好。

应允邀约比这项，基准目标是 50%，但是实际能达到 52%，可能原因是：活动主题不错，拟定的 KOL 影响力比较大，活动举办的时间、地点比较得当等。

参与应允比这项，目标完成比只有 71.7%，极有可能是经过了一个春节假期，嘉宾和平台之间的黏性有所下降导致的。

第四步：总结经验，指导业务

根据第三步的差距分析，我们知道嘉宾维护方面存在的问题是，储备池运营还算良好，但是近期他们和平台的连接度有些下降。所以下一步的行动可以是，保持现有的维护方式，同时发放一批福利给嘉宾们，增进一些联系。

分析产生差距的原因时还会存在另外一个问题，我们往往采用的是发散思考的方式，但发散思考有一个明显的弊端：归因太过分散。比如在应允邀约比提升这一项，分析出的原因有多个，究竟是活动主题影响还是 KOL，或是其他呢？

特别是在后续的行动改进过程中，我们的时间、精力都非常有限，所以抓大放小就很重要了。

如果该项目已经进行了好几期，这时候可将之前几期的复盘数据拿出来做对比，确认引发差距的关键点，进而开始行动。

如果没有以往数据参考的话，做抽样调研也是一个可行的验证方案。

♟

结束语

我们向外部学习，成效只占能力提升的 **30%**，剩下的 **70%** 都是向自己学，向自己学的关键就是复盘。

一个不会复盘的人，不会主动从自己的经历中学习提高，也就不能增长能力，改善思考，迎接未来的挑战。

那么如何才能有效复盘呢？

我们可以从下面四个步骤中学习，开始将一年工作经历变十年工作经验：

1. 回顾目标，为后续评估结果、分析差异树立基准；

2. 评估结果，用真实、全面的数据支撑；

3. 找到差距，深入分析原因；

4. 总结经验，确定下一步的行动。

同学互动 ♟♟♟

你应该已经知道如何复盘了吧？如果想要了解更加详细的步骤拆解，进群看慢动作演示！

关注微信公众号 YouCore（ID：YouCore），回复"互动"，加入同学互动群。

4.5

下班后，
如何自我提升

——创造"最低行动阻碍"的环境

◇

有人说过，决定人与人职场差距的不是工作中的 8 小时，而是晚上 8 点后你在做什么。虽然有点偏激，但却道出了善用下班后时间的重要性。前面 4 篇，你已经掌握了工作中的正确方法，下面有请赵策为你分享下班后如何自我提升。

你"上进"的一天是这样吗

前几天，大学室友 K 跟我描述了他"上进"的一天。

起因是这样，K 做着一份朝九晚六的工作，每天下班回家就打打游戏，看看直播，而 K 的女友又特别上进，不是在看书就是在听课。道不同不相为谋，在一次吵架之后，K 成了单身狗。他痛定思痛，决定在下班之后努力提升自己，成为单身狗中的战斗狗。

晚上下班后，上进之路开始了：

把书桌整理干净，学点啥好呢？英语、编程、管理学……纠结了半天，算了，就从英语开始吧。他拿了一本英语书准备学习，突然想起还差了点啥，对了，要去泡杯茶提提神，拿茶叶，烧开水，等水开的时间段刷刷微博吧，这一刷就刷了 20 分钟。

泡好了茶，终于可以安心看书了。

叮——微信弹出一条消息，大学同学找自己有点事，就聊了半个小时，这下总该看书了吧。看了几页，感觉挺有收获，突然想发个朋友圈，然后开始拍照，调角度，修图，发完之后又刷了刷别人的朋友圈，这下一定要看书了，可是没几分钟心里就开始痒痒，有没有人点赞评论呀，又时不时拿起手机看一看，回复完留言一看时间，12 点，该睡觉了，可是书还没看几页，算了，先睡吧，再不睡明天上班就迟到了，书明天接着看。

之后，日日如此，又恢复到了以往懒散的状态。

像 K 一样，很多人在下班后的个人提升中往往会碰到两个主要问题：

1.欠缺太多，不知道学什么，没有目的地学了一段时间后，越发觉得没劲；

2.诱惑太多，身边总是有各种诱惑阻碍我们上进。

↑
确定你的学习内容

正如上面的例子，工作需要学习编程来加强技能水平；又想学习管理学和经济学来增加职场软实力；另外，又有个人兴趣需要去花时间琢磨；未来规划又想出国留学，学习英语又必不可少；健身、打球；等等。有这么多选择，到底该怎么办？

太多的选择，成了让人纠结的第一步，纠结之外，其实选择也在消耗着我们的意志力。

有一个有意思的实验，受试者在一堆礼物之间选择一样，第一组受试者不断被问到，要铅笔还是要蜡烛，要这种蜡烛还是那种蜡烛，要蜡烛还是要衣服，要白色的衣服还是黑色的……不停地在做选择；而另一组是对每个东西进行评估，比如这件东西对自己的价值大不大，要用来干什么之类的问题。

在选定礼物之后，实验人员对两组受试者进行了意志力测试：把手放到冰水里看能坚持多长时间，结果表明做了较多选择的一组坚持的时间较另一组少了很多。

若你仔细回想便不难发现，在周末的时候一般会有两种选择，在家休息或者出去玩，而选择出去玩之后又需要选择去哪里玩，找谁一起玩，之后去哪里吃饭……一系列的选择，这些选择又在不断地消耗你的意志力，所以大多数情况下，从一开始我们就选择了在家休息。

同样地，针对每次下班后自己所要做的事情需要进行选择，也成了阻碍我们行动的第一步。一个好的解决办法是制作一个学习规划表格，这样可以大大降低选择所带来的能量消耗，直接进入学习状态。

做这个表格一共分为三步：

第一步：列出目的

不管是看书也好，跑步也罢，背后都有其目的，将这些目的找出来，罗列在纸上。

比如我最近在跑步是希望减肥，1个月减重5千克，学画画是想送朋友一个礼物，读史书是想让思考更有深度，读企业管理是想学习别人的理念，发现自己的不足。这里我做这些事的目的就是：1个月减重5千克，送朋友有意义的礼物，提高思考深度，学习管理理念。

第二步：分析这些目的的实现途径

是否只能在下班后，是否需要一整段的时间，如果不是，哪些时间可以完成。

例如减重5千克的这个目标，就不需要一定在下班后，可以通过减少食物摄入，增加运动来实现，早中晚运动都可以，下午两点后不吃饭也可以。学习历史也可以在上下班、吃饭时听音频学习，上喜马拉雅，或者在得到上搜索音频，但是要注意一点：对于碎片化学习要注意总结，一定要将碎片化、零散性的知识延伸总结为具有完整体系的知识。

第三步：根据重要程度进行次数排序

这里的排序规则要根据事情的重要程度来进行，在次数安排上做到重要的事情次数多的原则，以下是我做的表格：

时间＼日期	周一	周二	周三	周四	周五	周六	周日
9：00~10：40	哲理学	管理学		史书	跑步	跑步	跑步
10：00~10：40		绘画		管理学	绘画	写作	
11：00~12：00	写作	英语		写作		写作	写作

写作对我来说是近期比较重要的事，所以我放了 5 次，其次是管理学、跑步……目标不同优先级不同，这里需要注意的是：1. 在时间的安排上不要太久，40 分钟刚好是一节课的时间，做完之后休息一下；2. 要留出充足的缓冲时间，逼自己太紧反倒容易破罐子破摔；3. 在次数安排上需结合第二步的分析，我在早上会听历史方面的音频，所以在安排次数时，史书阅读安排的次数较少。

如同机器一样，人类最擅长的也是执行，而非选择，有了一个计划之后，到点直接按照上面的来执行，好过一周乱折腾也不知道干了啥。

♠
创造最低行动阻碍的环境

孟母三迁相信大家都听说过，讲孟子的母亲为了选择一个良好的环境而多次迁居的故事：

第一迁是因为孟子家住在墓地旁边，经常举办丧事，孟子跟邻居小孩就经常玩办理丧事的游戏，这里的办丧事和跟邻居小孩做游戏就是一种天然的诱惑力；

第二迁是迁到了集市上，集市必然热闹，到处都是商贩，很多新奇的玩意儿，比之前带来的诱惑有过之而无不及；

第三迁搬到了学堂附近，这里书声琅琅，文人雅士居多，自然就给孟子创造了最佳的学习环境。

相较于提高自控力，降低诱惑反倒更加容易，更为有效。

举一个例子，在一开始租房子的时候，我没有选择跟朋友合租，就是因为住在一块的环境更方便我们玩游戏、聊天，对于学习会产生很多诱惑。

所以我一直一个人住，在我所处的学习环境里，就没有了这些诱惑，也就不需要提高自制力来抵抗这些诱惑。当然，在周末还是可以约朋友一起去吃吃喝喝。

创造一个最低诱惑的环境需要做到以下三点：

第一点：审视自己身边的诱惑

当你发现经常不自觉地做某件事情的时候，就要考虑这件事是否对你产生了很多诱惑。

有段时间我经常回家就打开电视，直到某一天我突然发现已经耗费了大量的时间在看电视上，并且我的自控力并不足以抵制电视节目对我的诱惑。

再如，在发了朋友圈之后再学习会增加打开手机的次数，想要不断去看谁评论了，谁点赞了，这种诱惑会不断打断学习状态。

所以第一步就需要跳出来，看一看周围的哪些东西，自己的哪些行为对自己产生了诱惑。

第二点：对于可以改变的进行改变

当我发现耗费大量时间在电视上之后，就卸载掉了电视里看视频的应用程序，将电视遥控器放在了朋友家，并在不久后联系房东撤掉了公寓里的电视，在看不见电视的时候就不会经常想去看电视，自然也就节省了很多时间。

而经常打开手机就需要改变自身的行为，减少在学习之前跟外界联系的事情，比如发消息、打电话、发朋友圈……将手机调至静音或者飞行模式也不失为一种办法。

通常，我们身边产生诱惑的"诱惑源"不会太多，发现之后，对于可以改变的就去改变，暂时无法改变的就需要用自控力来抵制了。

第三点：杜绝环境的完美主义

对于环境的要求一定不能太完美，有人喜欢在阅读的时候冲一杯咖啡，或者泡一杯热茶；找一个光线十分充足的地方；戴着耳机聆听一点音乐。通常往往习惯了这些"优渥"环境之后，缺少了某一项，内心就会产生抗拒感，从而降低了学习意愿。

这一点不是说在学习的过程中不要喝咖啡，而是在没有咖啡的时候，同样去阅读，对"完美"应该抱着无所谓的态度。

结束语

网上有句话，下班后的两个小时，决定了你会成为什么样的人，**下班后做什么很重要，而如何做更重要。**

学习起来很纠结，欠缺了太多，东学一学，西学一学，折腾了很久不知道都学了啥，好不容易下定的学习决心不断被消耗，身边总是有各种诱惑阻止我们去提升。针对于此，可以用两个简单有效的办法去改善：

一、确定你的学习内容
第一步：列出目的。

第二步：分析这些目的的实现途径。

第三步：根据重要程度进行次数排序。

二、创造一个最低行动阻碍的环境

第一点：审视自己身边的诱惑。

第二点：对于可以改变的进行改变。

第三点：杜绝环境的完美主义。

同学互动 ⬆ ⬆ ⬆

　　如果你缺乏一个适宜的学习环境，欢迎免费申请加入"框架的力量"社群，这是专门为框工提供的零干扰、零水聊的学习互助平台。

　　集中式训练、好书共读等多种学习方式伴你一起提升！

　　关注微信公众号 YouCore（ID：YouCore），回复"互动"，加入同学互动群。

4.6

如何成为专家

——三大必经之路：元认知监控、提炼
方法论、主动性训练

◇

有人工作了 10 年，每天忙得连轴转，但只能称之为"熟练工"，而不能称之
为"专家"。在以下这篇文章里，谭晶美同学跟你分享她成为互联网运营专家的学习
秘诀。

你是熟练工，还是专家

我是谭晶美，YouCore 公众号的编辑。

虽说挂了个编辑头衔，但我在 YouCore 做的事，几乎涵盖了互联网运营所有的内容：

我要负责 YouCore 每周四发文的选题、审稿、排版（嘿，欢迎你关注 YouCore，验证下我的水平）

我要负责 YouCore 公众号各种消息和留言的回复（话说，要看懂每个留言真的不太容易）

我要负责跟大大小小的公众号和媒体编辑的对接

我要负责知乎问答（没错，那个万赞答主"框架君"就是我）

我要做各种运营活动的策划和文案编写（含 PS 图片）

我要负责兼职人员的招募、管理、结算

我要负责 YouCore 所有课程的发布

我还要参与课程制作、作业点评、社群专业答疑

……（好吧，太多了，我不想再列了）

一个人做这么多，你一定会以为我要么都做得不怎么样（从目前你手上能拿到这本书来看，这个可以 100% 排除了。嗯，我相信是这样的），要么就是正牌的传媒系出身，而且是已经积累很多的运营经验后，带艺投靠 YouCore 的。

呃，其实，我是学化学的……（对，就是倒腾各种液体的那个化学）。

而且，我原本是入职深圳尔雅做顾问的，结果 2016 年 12 月，王世民

老师说要做一个公众号，从此我就成了 YouCore 的编辑。

之后，跟着 YouCore 一路狂奔了一年，从一个零基础运营小白，变成了一个小白眼中的"伪专家"。

虽说是个伪专家，但好歹也是"专家"了。

因此，今天我就斗胆跟你聊聊怎样才能成为一名专家。

专家长啥样

所谓"专家"，那肯定跟普通人不一样啊。

那不一样在什么地方呢？

你不知道的他都知道，小到使用细节，大到理论概念，他都如数家珍；你知道的他可能不知道，但只要稍微提一下，他可能比你理解得还要深刻；碰到问题时，你还没反应过来，他就已经上手了，储备的知识似乎信手拈来。更可气的是，他还能很快速地进入另一个领域，真神了。

给这些差别下三个专业的定义就是：

1. 专家建立了心理表征，总能识别出有意义的信息模式，看到你看不到的。

2. 专家是以核心概念和大观点来组织知识的，他们总能提炼出更一般的普适规律。

3. 专家的知识都是条件化的。

✦

专家的心理表征

比如，现在有这样一列数字：3 9 27 81 243 729……

让 10 岁的小朋友来看，他们一定看不懂，也记不住。但你可能只需要瞥一眼就知道，这就是 3 的 n 次方序列啊。

认知心理学上，把这种现象解释为你已经创建了 n 次方序列的心理表征。专家们就是因为具备了专业知识的心理表征，所以他们获得的信息质量往往会远远高于一般人。

所以，现在的我可以同时做上面那么多事，而且质量还远远高于刚加入公司的运营，原因就是：

我已经建立了各种心理表征，可以花更少的时间，获得更多的信息，输出更有价值的内容。比如，同样做知乎问答，新同事可能回答 10 个问题，都没得到几个赞，一周时间就这样没了。而我回答 1 个问题，得到几百个赞，也就半天时间。

关键原因就是，我已经建立了选题的心理表征，我能从上千万的问题里找出合适的，而且我知道输出怎样的答案才更吸引你。

✦

专家能提炼出更一般的普适规律

作为 YouCore 公众号的编辑，我经常要确定文章最终的标题，但是什么样的标题更有吸引力呢。

最初开始起标题的时候，我总结了标题的几种类型，其中包括：

1. 探究原因类：为什么日本和德国没有一流互联网企业？

2. 经验建议类：月薪 5000 块，如何取悦未来丈母娘？

3. 违背认知或常识类：瞎勤奋到底有多可怕？

反正一共分了十个类别。后来有一次得空抓住 YouCore 的首席运营官老白，和他讨论标题的写法。

白老大幽幽地只说了一句话：你打用户的什么需求？是恐惧心理、八卦心理还是实用心理？

呃，他是从人性的角度考虑的。很明显，他提炼的一般规律要比我的更深刻，也更普适。

所以，老白同样从零基础运营小白起步，成为 YouCore 的首席运营官只花了 3 个月。而我花了 1 年，进公司比他早，转运营比他早，结果现在还归他管（微笑脸）。

这就是为什么越牛的专家越容易跨界，因为他们总结的一般性规律普适性更强，更加容易迁移。

专家的知识都是条件化的

可能跟你想象的相反，你最大的问题并不是知识不够，而是知识太多，惰性知识太多。惰性知识就是，只是背到脑子里，但到了该用的时刻，却想不起来用的知识。

心灵鸡汤就是迎合了你偷懒的心理，告诉你只要做到几点就如何如何了（现在不鸡汤的标题都没人打开了，逼得 YouCore 这么干货的文章，也都要起个鸡汤标题才行），等到实操时才发现，你或许连一点都做不到。

专家跟普通人的差别就是，专家的知识是条件化的：给知识都明确了适用场景、具体要求，知道什么时候该用，什么时候不该用。

正因为将知识条件化了，所以专家碰到问题时，你还没反应过来，他就已经上手了，各种储备的知识信手拈来。

正是得益于在深圳尔雅的那一段经历，每学一个新知识或新概念，王老师就逼着我回答三个问题：

第一，这个概念是怎么演化过来的，它的前世今生是啥样的？

第二，你能不能从脑子里至少找出三个跟这个概念有关联的知识？

第三，你分别给我举三个例子，说明这个概念你会用在什么地方，以及不会用在什么地方？

当时觉得他有点偏执，不过现在无论是看书、刷知乎，还是跟人聊天，每听到一个新概念我就在心里自问这三个问题。

不经意间，就将大部分知识都给条件化了，而且还附带将知识都关联了起来（看来，有时碰到一个偏执的老板还是有好处的）。

所以，我现在无论是写文章、编文案，还是回答问题、点评作业，效率比以前都快了很多，各种看过的知识不自然地就冒出来了。

♦ 如何成为专家

专家与普通人的三个主要区别相信你已经清楚了：心理表征、普适规律、条件化的知识。

我也顺带着狠狠地表扬了下自己（偷笑脸）。

那如何才能成为专家呢？我基于自己的成长经历，给你三个建议：

建议一：利用元认知监控自己的工作过程，发现自己需要提升的地方

刚入职场前两年，往往是进步最快的。因为啥都不懂，因此扎到知识堆，怎么学都是进步的。但是工作了五六年之后，一眼看过去，好像都懂得差不多了，但就是做不到 80 分往上，又不知道该如何提升自己。

这时候你就需要用到元认知了。元认知是对认知的认知，具体来说，是关于自己认知过程的知识和调节这些过程的能力。利用元认知来监控自己的工作过程，了解自己在工作中都用到了什么知识、什么技巧，为什么最终结果是这样，影响最终表现结果的关键是什么，能够帮助你更客观地认识自己。

其实，大多数中年人的职场瓶颈，就是因为不会监控自己的工作过程。眼看着后面有不少年轻人追上来，但又不知道自己工作上还能怎么提升，只能一个猛子扎进知识付费的焦虑中，但其实自己并不知道真正应该去学些什么、提升什么。

王世民老师有篇关于构建能力树的文章发表后（在微信公众号 YouCore 后台回复"1003"就能查看了），不少人来问我，能力树只搭了最粗的树干，很难再分解下去了呀。其实这就是因为他从来没有跳出来看看自己是如何工作的。

建议二：适当停下来，试着总结出方法论，或抽象出更一般的规律

经过第一步知道自己要学什么，下面就是怎么学的方法问题了。

我有个高中同学，她大专毕业后来深圳做销售工作，刚毕业的第一年平均月薪能拿到 15K，老同学中几个 985 或 211 的都对她羡慕不已。但是一年后她们公司调整了业务线，她被调到了另外一条产品线，每月只能拿到

5K，薪酬降了很多。

恰好她的部门经理也是我认识的人，闲聊时说起她的事，这位部门经理说她最大的问题就是不会总结，原产品的销售话术整理得挺好的，但换了新产品她就不会说了。

因为从来没有总结过自己之前转化率好，是好在什么地方，所以一旦环境变了，之前做得好的地方也全部丢了。这样每次都得从头学习，掌握的知识一点都没法迁移。

因此，不要急着一路往下奔，适当的时候停下来总结总结经验，提炼出自己的方法论，这是"磨刀不误砍柴工"。

方法论的一大特点就是可迁移。

它不光可以解决某一个具体问题，更可以在一定范围内解决更多同类问题，而且稍微调整一下还可以重复使用，即使问题的具体情况有所变化，也同样可以起作用。

建议三：进行大量的主动性训练

我知道你最不喜欢听这个了，但这是取得成功的必经之路。

虽然每天事情很多，但我现在每天还在公司内部的小群内一天起一个标题。只有通过不停的训练，你的心理表征才会比其他人更详尽、更准确，才能提高你的思考速度。

同时，训练多了，才能接触足够多的应用案例，让你对知识进行系统的条件化，搞清楚应用场景。

柴静的《看见》中有这么一句话：胡适说过做事情要"聪明人下笨功夫"，我原以为笨功夫是一种精神，但体会了才知，笨功夫是一种方法，也许是唯一的方法。

结束语

专家之所以能做到普通人做不到的，最主要的差别就是三点：

1. 专家总能识别出有意义的信息模式，看到你看不到的。

2. 专家是以核心概念和大观点来组织知识的，他们总能提炼出其中的普适规律。

3. 专家的知识都是条件化的。

想要真正成为专家，我给你的三个建议是：

建议一：利用元认知监控自己的工作过程，发现自己需要提升的地方。

建议二：适当停下来，试着对方法进行系统化总结，或抽象出更一般的规律。

建议三：进行大量的主动性训练。

同学互动 ♦ ♦ ♦

成为专家的路上，少不了大量的主动性训练，你有具体的目标和计划吗？

在 YouCore 微信公众号（ID：YouCore）后台回复"周计划"，你就可以看到第四代时间管理周计划模板了。

如何在不想学习的状态下
继续学习

——FBM 行为改变法则

无论是在工作中，还是下班后，要在繁忙的工作之余再抽时间学习，都不是一件容易的事。如何在不想学习的状态下继续学习？缪志聪老师给你妙招。

人生是比拼耐力的长跑

前不久，《极限挑战》节目组在上海市崇明中学的"高考冲刺 100 天誓师大会"上举办了一场特别的跑步比赛。

高三同学一字排开，站在同一起跑线上。但比赛并没有立刻开始，在比赛开始前，同学们还要先回答几个问题。

针对每个问题，如果有同学回答"是"，这位同学就可以向前走几步，到达更前面的起跑线。

一共有六个问题，它们分别是：

1. 父母是否都接受过大学以上教育？

2. 父母是否为你请过一对一家教？

3. 父母是否让你持续学习功课以外的一门特长且目前还保持一定水准？

4. 是否有过一次出国旅行的经历？

5. 父母是否承诺过送你出国留学？

6. 父母是否一直视你为骄傲，并在亲友面前夸耀你？

在回答问题的过程中，同学们的布局发生了变化。有的同学已经领先了好几根起跑线，还有的同学仍然原地不动。

当六个问题全部问完，差距已经明显拉开，有一位女孩站在最前面，还有几位同学仍停留在最开始的起跑线。

这时裁判一声令下，大家开始比赛。

这场比赛就是我们人生的一个缩影，我们总说不要输在起跑线上，但现实世界从来都没有绝对的公平。好在人生不是一场速战速决的短跑，而是比拼耐力的长跑，所以我们即使输在起跑线上，但还是可以赢在终点线上。

节目中的高考也只是人生的一个驿站，后面还有很长的路要走。

对于我们很多人来说，高考已经是往昔的回忆。现今的赛道已经切换到了职场，要想不被别人拉开差距，甩到身后，只有继续学习，提升自己。

边工作边学习，谈何容易

进入职场以后才发现，一边工作一边学习，谈何容易。

要不然想学习，但工作太忙，总是苦于没有时间。要不然有时间，又觉得自己平时工作太辛苦，要好好犒劳一下自己，休息一下。

当然也有意志力惊人，每天工作学习计划满满的铁人，这里就不举那些打鸡血的例子了，因为说了，我们普通人也做不到。

那如何在不打鸡血的情况下，工作后还可以继续学习呢？

斯坦福大学的心理学家福格（B. J. Fogg）教授是行为设计学的创始人之一，他提出了一个用于理解人类行为的模型 Fogg's Behavior Model，简称 FBM。

这个模型指出个体在发生某个行为时，必须具备三个要素：

足够的动机（Motivation）

实施这个行为的能力（Ability）

实施这个行为的触发器（Trigger）

对应于这三个要素，下面我们就来看看如何不打鸡血也可以继续学习。

找寻学习的动力

一、萝卜加大棒

有人可能在学校的时候有过这样的经历。如果教课的老师是自己喜欢的老师，为了得到老师的表扬，学习起来就特别努力；还有的人为了能听懂自己心爱的明星的讲话，苦学外语，还乐在其中。其实，职场中的学习也是一样。

如果能把职场工作和学习密切关联起来，为了能在工作中得到领导的赞许，客户的肯定，升职加薪，是不是学习的动力就大不一样了？比如为了能在和领导的沟通中，给他留下思路清晰的专业形象，你就会积极学习沟通表达的技巧，比如结论先行、讲三点。

除了可以给自己萝卜奖励，激励自己学习外，还可以辅以大棒惩罚。比如你想提升自己的演讲能力，不要自己默默地练，而是要找到"出丑的机会"，类似于参加演讲工作坊。这样，为了让自己不出丑，你就不得不更快地提升自己。

还有一种方法，就是与人分享。不教别人，不考试，自己私下学习，学个 60 分估计就心满意足了，但是如果要教别人，现场要被别人挑战，怕到时候一问三不知，自然会将学习内容彻底弄明白。

二、有及时的反馈

如果你看过海豚表演，你会发现，海豚在完成每一个动作的时候，驯养员都会立刻奖励它几条鱼，而不是等到整场演出都结束了，才开始奖励。

我们在职场学习的时候也是同样如此。虽说要延迟满足感，但十年磨一剑的等待，普通人根本忍受不了。

解决办法就是向海豚的驯养员学习，在自己完成一个学习任务后，也奖励几条鱼。只不过这里的鱼可能是一场电影或者一顿美食，看什么能激励自己。

除了物质的奖励，还有一种方法就是制订一个学习计划，或者简单点，制定一个列表。每完成一项任务，就将列表中的一项划掉，如同打游戏闯关一样，知道自己又向前迈进了一步，终点指日可待。

如果没有将进度显现化，不知道自己离目标还有多远，就如同在一望无际的沙漠里，没有任何的路标，是不是都要绝望了。

♠

降低执行的难度

一、基于已有动作自然启动

从一个动作切换到另一个动作，不同的切换方法，耗费的意志力资源是不一样的。

假设你没有睡觉前刷牙的习惯，此时你已经钻进被窝准备睡觉，被窝外天寒地冻，我让你赶紧起床去刷牙，你的感受是怎么样的？这种动作切换是不是很难做到？

但如果换一个方法，你有睡觉前洗脸的习惯，我让你洗完脸后顺便刷牙，是不是这种切换你还是比较容易做到的，这样的过渡更加平缓，切换更加自然。

职场学习也一样。在一项工作刚结束的时候就对其进行总结改进会比较简单，但是如果已经开始了其他的工作，再切换回去，对之前的工作进行总结改进，是不是难度就大了许多？

二、步骤简单易行

学习任务启动了，已经有了不错的开始，但想要完成，任务还要足够简单。

任务复杂怎么办？就要拆解得够细。就像让你一次性爬 50 层楼，你可能一听就放弃了，但是如果说一天只要爬 1 层楼，分 50 天完成任务，感觉是不是就轻松了许多。

举个例子，工作中要做一个 PPT，半天下不了手，就可以考虑将这个大任务拆成一个个小任务。比如第一个任务是先构建内容框架，做到结构清晰，这个任务相对于做整张 PPT 来说要简单许多。这个任务完成后，再来完成第二个任务，写出 PPT 每一页的标题，做到观点鲜明。第三个任务是将文字内容填充到对应的每一个页面。最后一个任务再考虑将文字图表化。

走好每一小步，最后就可以变成一大步。

创造触发的环境

一、增加正向触发

就像巴甫洛夫的狗流口水需要铃铛来触发，我们也可以给自己增加一些触发环境。

比如有的人喜欢在咖啡厅学习，一旦来到这样的场景，就更容易进入学习的状态；或者加入一些学习的社群，让别人督促自己，鞭挞自己。

二、减少负向触发

除了进入特定的场景促进自己的学习，还要减少负向的触发，也就是减少诱惑。比如手机之类的，放到盒子里面或者隔壁房间，让自己看不到，取起来有点麻烦。

结束语

人生不是速战速决的短跑，而是比拼耐力的马拉松。

除去前面寒窗苦读的十来年，后面很长一段时间的赛道就是职场，如何能在不打鸡血的情况下，在职场上继续学习，提升自己呢？

主要有三步：

1. 找寻学习的动力；

2. 降低执行的难度；

3. 创造触发的环境。

同学互动

绝大多数人之所以缺乏学习动力，就是因为学习内容没有和自己的实际工作挂钩，只是满足了"伪学习需求"罢了。

你现阶段的主要学习内容是什么？在学习中碰到了什么问题呢？

进群告诉我们，5W+框工一起帮你出谋划策！

关注微信公众号 YouCore（ID：YouCore），回复"互动"，加入同学互动群。

4.8

怎么睡觉，
工作效率最高

——掌握睡眠原理

学会工作是非常重要的，但人免不了都要睡眠，没法像机器一样 24 小时工作。睡得太多的话，担心占用了工作时间；睡眠不够的话，又会影响工作效率。这一篇，缪志聪老师教你睡觉的方法。

✦

成功的秘诀之一，是压缩睡眠时间吗

NBA 篮坛巨星科比·布莱恩特虽然已经退役，但他曾经统领了一个时代，是几代人的回忆。

在他的职业生涯中有过这样一段采访：

记者问他：你为什么能如此成功呢？

科比反问道：你知道洛杉矶凌晨 4 点钟是什么样子吗？

除了科比，还有很多名人精力充沛，睡眠很少。比如美国总统唐纳德·特朗普在接受每日新闻采访时宣称，他每天晚上只需要大约 4 个小时的睡眠。

他说：这就是我成功的秘诀之一，每天睡 12 到 14 个小时的人，如何与睡三四个小时的人竞争？

还有他的女儿伊万卡·特朗普，同样一天只睡三四个小时。

像这样的例子还有很多，以至于有人感叹：你看，比你优秀的人，还比你努力。

于是不少人也纷纷效仿，想通过压缩睡眠时间，增加学习工作时间，让自己变得更优秀，结果不但没有让自己脱颖而出，反而整天萎靡不振，效率更低。

在压缩睡眠时间之前，让我们先来看看，人为什么要睡眠？

✦

双眼紧闭，学习不止

说到睡眠，大家肯定也都知道它可以让精力恢复。睡眠不足会导致注意力分散、情绪失控、免疫力下降等。并且，睡眠对于学习和记忆也都有重要的帮助（如何使记忆更有效，而不只是简单重复地记忆，可以在 YouCore 公众号回复"1013"获得独家记忆攻略）。

大脑在睡眠时，并不是"静止"的。不像电脑关机后，一切都停止了，人的大脑在睡眠状态时，还是在运转的。

威斯康星大学睡眠医学教授朱利奥·托诺尼认为：睡眠的首要功能，就是解开那些在白天新形成的不必要的连接，同时巩固那些连接网中形成的有意义的成果。

这里的连接指的就是大脑神经元之间的突触连接，突触控制大脑细胞信息的交流与传递，包括记忆的加工和处理。

打个比方，整个大脑神经网络就像互联网，神经元细胞就像这个互联网上的一台台电脑，电脑与电脑之间的连接就是突触。睡眠中，大脑会对其中的一些连接加强，对另一些多余的连接弱化。

换句话说，大脑会整合加工新旧记忆，同时会消除一些过时的记忆，减少或者屏蔽无用信息。所以就会出现清醒时绞尽脑汁、百思不得其解的东西，睡了一觉以后，反而一下子就搞定了。

一个典型的案例就是俄国科学家门捷列夫发明化学元素周期表时，门捷列夫告诉他的同事，他熬了几个通宵不知道将元素如何排列，直到累得昏睡过去，却在梦中看见一张表格，表格上各个元素各就其位。而就是这张睡梦中的表格，启发了最终被国际化学界公认为标准著作的《化学原理》的诞生。

相信你也有过同样的经历，清醒时思考了半天没有答案，一觉醒来豁然开朗。这样看来，睡眠不仅不是多余的，还作用巨大。

那睡多久比较合适呢？

睡觉按周期计，而不是按时间算

一般的说法是成年人至少要睡满 7 个小时，但你有没有发现有时睡得越多反而越困。其实睡眠时间合理的计算方法不是时间，而是周期。

睡眠的一个周期分为两个阶段，非快速眼动（non-rapid eyemovement，NREM）和快速眼动（rapid eye movement，REM）。

NREM 分为 4 期，简单来说，前面 1、2 两期是浅睡眠，后面 3、4 两期是深睡眠。REM 只有 1 期，做梦就在这个阶段。这一阶段的特点就是大脑活动非常活跃，而身体完全放松，可以说身体进入了"瘫痪"状态。之所以会如此，是因为大脑用此可防止你因分不清梦境与现实做出傻事。

一般的睡眠过程是：

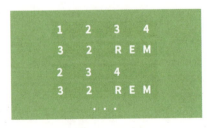

打个比方，睡眠就像在海中几经沉浮。首先经过 NREM 的 1、2、3、4 期，逐步沉入海底，从浅睡眠到深睡眠。然后再经过 NREM 的 3、2 期，逐渐浮上海面，到达 REM 阶段，这时候是第一个周期。之后继续经过 NREM 的 2、3、4 期，沉入海底，从浅睡眠到深睡眠。再经过 NREM 的 3、2 期，浮上海面，到达 REM 阶段，这时候是第 2 个周期。多次循环，经过 3~6 个周期，最后上岸，也就是睡醒了。

一个周期大约 90 分钟。开始周期里沉入海底的时间比较长，也就是 NREM 占比较大，浮上海面的时间较短，也就是 REM 的时间较短。之后的周期里，沉入海底的时间越来越短，也就是 NREM 越来越短，浮上海面时间越来越长，也就是 REM 的时间越来越长。

这就是为什么当你睡了很久以后，继续赖床，就是不停做梦，因为基本上都是在 REM 阶段。

尼克·利特尔黑尔斯，前英超曼联御用运动睡眠教练，在《睡眠革命》中所提出的 R90 睡眠方案，就是基于睡眠 90 分钟周期。他提出：用 90 分钟时长的睡眠周期衡量睡眠，而不是睡了多少小时。

你可以自行选择入睡时间，但入睡时间取决于你的起床时间。从起床时间出发，根据 90 分钟时长的睡眠周期，向后推算。比如一天睡 5 个周期，每个周期 90 分钟，也就是 7.5 小时。

如果你早上 7 点起床，也就是理想情况是前一天晚上 23：30 入睡，这样就不会由于在睡眠周期中被唤醒，让自己更加疲惫。

对大多数人来说，一周 35 个睡眠周期（每天 7.5 小时）是最理想的，28~30 个睡眠周期（每天 6~6.4 小时）也比较理想，可以根据你的实际情况进行调整。知道了理想的睡眠是多久，我们再来看看到底如何提高睡眠质量。

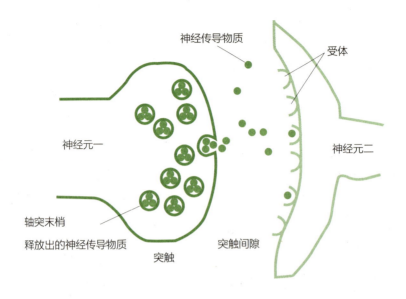

如何提高睡眠质量

首先最重要的是形成自己的生物钟，不要总是打破自己的生物节律，让身体无所适从。

其次，可以从下面三个方面入手：

一、睡前

除了什么喝牛奶、洗热水澡、调暗灯光等（这些大家都已经知道），还有一点需要强调的是：睡觉前一定要远离蓝光，代表物品就是手机、电脑。

因为蓝光会抑制褪黑色素的分泌，提高人的灵敏度。 当你睡不着的时候打开手机，只会越看越清醒。

二、睡中

平时在家里可能没有什么问题，但如果出差，比如火车卧铺，该怎么办？

如果是光线太亮，你可以用眼罩遮挡亮光。 但如果是有人打呼噜，惊天动地，响彻车厢呢？

这时你可以用耳塞，有朋友给我反馈说用过，但是效果不好啊。 最后发现他只是没有掌握使用的真谛。 用耳塞的一个要点就是在塞入耳朵之前，一定要将它搓细，塞上耳塞，世界一下子就恢复了宁静。

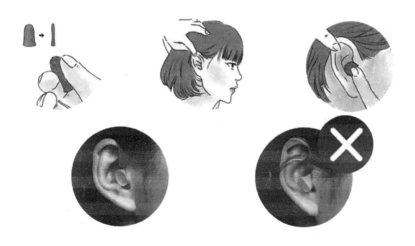

三、睡后

一旦你形成了生物钟，即使没有闹钟，也可以自然醒。但是你可能会说：醒了之后，还是想赖床。

你现在应该已经知道，睡眠是有周期的。赖一会儿床，只会增加一段中断的周期，让自己更疲劳。

还有什么其他的办法吗？

有一句话说得好，每天早晨叫醒你的不是闹钟，而是梦想。可能更确切的说法是：唤醒你的不是闹钟，是生物钟，让你起床的才是梦想。

如果觉得梦想太遥远，可以设定一个近在眼前的奖励。

比如万科的前董事长王石设定早起的奖励是玩半个小时游戏。如果他想要 6 点半起床，他就会把闹钟设定在 6 点，闹钟一响，他就会快速起床，因为半小时的游戏对他充满吸引力。

同理，你也可以给自己设定一个起床的奖励，比如自己是个吃货，那就奖励自己一顿早上固定某个时间段才能吃到的美味早餐。

相信这样，你就可以迅速起床了。

如何补觉

有时夜晚由于加班或者有其他原因，睡眠不足，该如何弥补呢？

你是不是已经想到了睡午觉。

其实，午觉不能睡太多，否则会干扰夜晚的睡眠，比较现实的时间是 30 分钟。

但 30 分钟，很可能已经进入睡眠周期的深睡眠，导致醒来以后昏昏沉沉，怎么办呢？

一种方法是可以在睡觉前喝一杯咖啡，咖啡从喝下去到起效，大约 20 分钟，正好在你醒来的时候抵消残留的睡意。

还有一种方法就是醒来后，出去走走，晒晒太阳，也可以很快驱走睡意。还有朋友专门给我提到了：周末睡懒觉。

但这里要提醒你一点：从生物钟的角度，即使是周末，还是要按照平时正常的生物节律作息，否则很容易把自己的身体弄迷茫了，就如同倒时差，身体会感觉累一样。

如果生物钟没有问题，自己也都是按时睡觉，按时起床，但还是感觉到累，还需要补觉吗？

对于天天坐在办公室的白领，这时最需要的不是补觉，而是运动。因为运动可以产生促进大脑突触连接的化学物质。身体累了补觉，大脑累了就要运动。

结束语

到了这里，相信你已经了解睡眠的基本原理，以及如何合理安排睡眠时间才可以使精力更充沛了。

至于那些只睡三四个小时的名人，你大可不必在意。我们并不了解真实情况，也许他们是短睡眠者（控制睡眠与觉醒的基因发生了突变的 1%~3% 的人），或者是以身体健康为代价做到的。

就像前不久流传的哈佛 4 点半，后来官方都出来辟谣了，所以我们不用纠结于这些鸡血，还是要找到适合自己的节奏。想要工作更加出色，相较于减少睡眠，更好的办法是提高自己的工作效率，多快好省地把工作搞定。

同学互动 ———————————————————— ↟ ↟ ↟

　　睡好觉的本质是为了做好精力管理。你会经常觉得疲劳、注意力无法集中吗？我们搜集了几个上手即用的精力管理小技巧。在微信公众号 YouCore 后台回复"精力管理"即可获得。

4.9

穿衣影响收入?
这可能是真的

——职场穿衣小技巧

◇

人人都知道,薪资收入主要是跟你的工作绩效挂钩的,这就是为何一定要用正确的方法工作。但有没有一些影响薪资收入的偏门? 还真有,让谭晶美同学来告诉你吧。

着装得体，会得到更多机会

我们公司全员开会时有一道奇特的风景：左边一片是姹紫嫣红外加东倒西歪，右边一片是整整齐齐黑白灰三色，两边泾渭分明，反差特别明显。左边的就是 YouCore 的运营团队，不仅穿着各异，坐姿、打扮也是各有千秋。右边的是尔雅的顾问团队，一眼望过去基本都是西装外套，坐姿挺拔，连相貌都挺一致。

我们内部开玩笑总是说，咨询顾问就是靠外表吃饭的。

"总得把自己卖个好价钱。"刚从客户那儿赶回来的顾问们说话时都不自觉地挺直了腰。

这是大实话，顾问在客户那就是按人头卖的，签合同时价格明细那儿一清二楚，就看你值多少钱。

这听起来不免太过凶残，但毕竟高级的咨询顾问一天的费用甚至可能抵得过一个普通白领一个月的收入。真金白银下面，反映的也是最真实的职场状态。

职场上怎么穿，特别是直接和客户打交道时的装扮，它承担的作用不只是形成吸引，更重要的是要迅速建立你的身份标识，获得认可。

而一个人外部形象如何，是非常容易和你的背景及工作能力挂钩的。

这还仅是个人层面，往大的方面说，很多客户只通过基本的衣着打扮，就已经判定了你公司的服务在哪一个级别。

说真的，这不是势利，而是整个人类的惯性认知："这个人气场强，他的衣服看起来好高级，那他能力一定不差！"

而当你着装得体，真的会给你带来更多机会，因为：

1. 着装得体能降低使对方对你认知的成本；

2. 着装得体会让你潜意识下的表现更为出色。

♦

着装得体能降低使对方认知的成本

美剧《豪斯医生》中有这样一个桥段：

资深医生 M 在经历了一系列变故后，一天早上他心情低落地往医院赶。就在他准备过马路时，突然听到对面有人在求救。M 闻讯赶过去，看到呼救的女儿旁躺着已经晕倒的母亲。但在表明自己的医生身份后，我们在这位年轻女儿慌乱的脸上，依然能清晰地看出她见 M 衣冠不整、胡子邋遢后的疑虑。

这时，M 的一位同事恰巧路过，于是这位着装更为"专业"的同事对病人进行了紧急处理。但遗憾的是，这位母亲最终还是因为抢救无效而死亡。

从上帝视角看问题的我们知道，M 的医救水平更高，如果是他出手的话，或许可以救下这位母亲一命。这样一看，这位女儿未免太过以貌取人。

但是在现实生活中，我们都不是上帝。当置身于类似的局面中时，我们也极有可能和这位女儿一样做出同样的选择，因为这才符合大脑的正常认知。

人的大脑存在着一种基本智能：模式识别。在适应社会的过程中，我们在万千事物中找出模式，探寻事物之间的关联性，并赋予其意义，这样就缩短了我们认识世界的过程。

"贴标签"就是人类模式识别的一种手段，所以我们常通过"贴标签"来实现对人或事物的快速归类。

当看到过不少职场精英都是商务西装的装扮，我们的大脑自然而然地就把"商务西装"当作了"职场精英"的标签。而当你的形象符合对方的标签设定时，他对你的第一认知就是"嗯，这是位职场精英"。

我讲这个并不代表我是外貌协会成员，鼓励你以貌取人。只是，你心灵再美，道德再高尚，别人也无法一眼就看出来。

很多时候，我们连女生妆容背后的样貌都看不到，又凭什么要求别人能一下子看出我们的专业，看到我们的心灵呢？

着装会影响我们潜意识下的表现

得体的着装不仅能够降低使对方认知的成本，还能让你潜意识下的表现更为出色。

为什么古代查案升堂时一定要穿官服？为什么现在医生、警察、法官都要穿制服？

因为当我们的外表与扮演的角色贴近时，我们的心态也会不自觉地和角色融合。

我们每个人都在本能地进行印象管理。没有人愿意让自己看起来自相矛盾，为避免这一点，我们会本能地让自己的行为与形象保持一致。

这也是为何演员一定要穿上跟角色一致的服装后，才能表现得更好的原因。

发表在《实验社会心理学杂志》网站上的一项研究的初步结果表明：当穿上白大褂时，医生们认为自己的表现会明显地比自己身穿艺术家的休闲服更好。

同时，这项研究表示，穿上不同的服装甚至会影响你的认知过程。这种现象被称为"穿衣认知"。

就是说，如果在脑子里将缪西娅·普拉达（Miuccia Prada）或者菲比·菲罗（Phoebe Philo）的设计系列与强大的智慧女性形象联系在一起的话，在穿上普拉达（Prada）百褶裙或席琳（Céline）夹克的时候就会表现出相应的性格属性。

戴维·迈尔斯在《社会心理学》中，同样提到一个类似实验：

直接让居民给癌症群体捐款，多伦多郊区仅有 46% 的住户乐意。而如果前一天让他们戴着一个翻领别针宣传这项活动（他们是自愿的），那愿意捐款的数量是前者的两倍，高达 92%。

因此，做到让自己的着装得体，与自己的职业角色一致，更有助于你对职场角色和岗位的胜任。

♠

职场穿着要穿出自己的标识度

我大学时有个室友，基本上每个星期都会出去逛街，一周添置一件新衣服是标配。用她的话来说，一件衣服穿一个季度就已经过了流行期了，所以她的衣服经常是一个学期就翻新一次。

虽然当时觉得她穿得漂亮，但现在却没有什么大的印象。也就是进入职场的这两年，明显觉得她开始有自己的风格，不再跟随所谓的潮流，反而大都是基本款。甚至有一次听她抱怨：哎，感觉衣服越来越难买了啊。

一起的几个朋友连连点头。大家赞同的是：**生活中最重要的是新鲜感，职场上最重要的却是标识度。**

那么在职场上如何确定自己的标识度呢？给你三个小建议：

一、求质不求量

要选定适合自己身材、职业形象的衣服版型和穿衣风格，不要太追求所谓的趋势和潮流。否则明星们穿着很知性的服装，穿在你身上可能就像一个破布麻袋。

你可能会说，版型好看的衣服都是大牌居多，我买不起啊。其实，即使对一个刚入职场的女生来讲，买衣服的开销一个月普遍也在 700 元以上，一年八九千元，毕业几年升职加薪后买衣服的开销就更多了。

细细算一下这笔账就会发现，如果你能做到断舍离，将自己的衣柜保持少而精的话，这笔开销完全可以买几套有版型、有质感的衣服了。

二、参考职场精英的穿着

假定你不确定自己穿什么版型的衣服合适的话，还有一个捷径——参考电视剧里职场精英的穿着。

要论职场穿衣风格的高级感，《我的前半生》里面的唐晶和《欢乐颂》里面的安迪可以说是女性职场穿衣的风向标了。

当然，不是提倡大家一定要去买名牌，关键是可以学她们的搭配，因为这些基本款的版型在很多平价品牌中都是有的。

像唐晶那样太正式会不会过啊？

如果你担心自己的穿着太过，不符合自己目前的工作岗位，可以参考一下下面这个穿衣标准：不要按你现在做的工作，而要向你想从事的工作看齐。

三、风格统一，简单颜色简单剪裁

如果你实在不知道应该穿什么，那就保证风格统一，简单颜色简单剪裁就行。

民国时有两个大才女，林徽因和张爱玲。关于着装，张爱玲甚至以一篇《更衣记》记录了中国时装三百年来的变化。

但当后人提及两人的穿衣风格时，常见的评论却是张爱玲失于奇特（奇装异服）。

细究林徽因倾倒众生的美，除了诗书国学浸润出的气质外，她高超的穿衣境界也是不可或缺的重要因素：服装上从不刻意剪裁太过，材质上以丝绸、棉麻为主，颜色上以黑白相配。

当然从生活态度的角度，我对张爱玲的穿衣方式绝对是击节赞赏的。

但职场却不是一个体现个人主义的地方，普适性强的还是极简风。不然穿成圣诞树，你是来上班，还是来走秀呢？

再提个醒，牢记三色标准，一定要避免出现大面积的花纹，或是花红柳绿这样的尖锐色，去除多余的元素、颜色、样式和纹理，让每一件衣服都成为整体的一部分，才能够塑造最简洁的搭配。

以上三点方法，男女通用。

但说实话，男生的衣服可能更好买一些，因为没有那么多款式的诱惑。

结束语

职场上，着装重要吗？

非常重要。当你在一个相对不那么熟悉的环境中，你的穿着就代表着你的影响力。

得体的着装不仅能够降低使对方认知你的成本，树立你良好的形象，更能够潜移默化地影响着你的表现。

职场着装，一个基本的原则就是少即多（less is more），一定要学会断舍离。

随手附上三个小技巧，男女通用：

1. 求质不求量；

2. 参考职场精英们怎么穿的；

3. 风格统一，简单颜色简单剪裁。

同学互动

你认同"穿衣影响收入"的观点吗？你所在的公司和行业对于穿着有具体的要求吗？你又有怎么样的心得？

关注微信公众号 YouCore（ID：YouCore），回复"互动"，加入同学互动群，即可入群和 5W+ 伙伴一起探讨。

PART —5

人脉

不 做 孤 狼，
借助别人放大你的能力

5.1

就是这个公式,
决定了你的人脉

——人脉三部曲

◇

一个人的能力 = 自身水平 × 人脉,人脉越多,我们的能力就会被放大越多。什么是人脉? 如何构建真正有价值的人脉? 王世民老师在这一篇中,统统告诉你。

↟ 人脉的意义不在于你认识谁

我太太有一位 MBA 同学，在念 MBA 期间几乎每一场活动都不缺席。

无论是聚餐、校际比赛，还是企业参观、晚会，一周至少有 3 个晚上、1 个周六或周日花在这样的社交活动上。

用他的话说："念 MBA 不就是为了积累人脉吗？"

3 年下来，确实人人都认识了他，他也时时以"人脉深厚"自居，在班上四处炫耀他前天跟这个师兄见面了，昨晚跟那个教授吃饭了。

可当他毕业答辩出现问题的时候，连一个出面帮他的同学和老师都没有，最后只能多修了一年才拿到 MBA 学位。

反而我太太这种隔三岔五才有空参加一次活动的人，论文打印出问题时，好几个同学帮着处理，赶在最后一刻成功答辩。

为何我太太的这位同学，四处社交、有心积累"人脉"，最后却一点人脉都没能积累下来呢？

原因很简单，他理解错了人脉的根本。

1. 人脉的意义不在于你认识谁，而在于你能吸引谁。

2. 人脉不是你和多少人打过交道，而是有多少人愿意主动和你打交道。

3. 人脉不是辉煌时有多少人在你面前奉承你，而是在你落魄时，有多少人愿意帮助你。

而这一切的根本都在于，你有多大的"可交换价值"。

美国著名的社会学家霍曼斯在他的"社会交换理论"中指出：任何人际关系，其本质上就是交换关系。

你的"可交换价值"越大，你能吸引的人就越多，愿意主动跟你打交道的人也越多，即使你一时落魄了，愿意帮你的人也很多。

我太太的这位同学，将念 MBA 的 3 年时间都花在了各种社交上，自身的价值毫无提升。

这种情况下他主动去结识再多的人也无济于事，因为在他想巴结的人眼中，他毫无交换价值。

那如何才能提升自己的"可交换价值"，打造出有效的"人脉关系"呢？

通过下面的"人脉三部曲"，你就可以轻松做到了：

1. 建立自身价值；

2. 放大交换系数；

3. 分层维护关系。

♟

建立自身价值

既然人脉的根本在于你有多大的"可交换价值"，那么打造有效"人脉关系"的第一步就需要你建立自身的价值，并尽可能地去提升这个价值。

是人都会辜负你，但你的本事却永远忠诚。

无论从哪个角度出发，提升你的自身价值都绝对有百利而无一害。

请注意，这儿的"价值"是一个人的综合价值，不仅仅是你的专业价值，它还包括你的特征价值（如样貌、身材、智力）、资源价值（如身份资源奥黛丽·赫本之子、百亿美元资产）以及链接价值。

你需要根据你的特征、背景、发展方向选择你价值提升的切入点和侧重点。比如，你相貌一般，出身平凡，性格内向，一路走来也没踩到"狗屎运"中个彩票、遇到贵人什么的，这时你提升自身价值的最好切入点可能就是专业价值了：先让自己具备一技之长，在某个领域有一定的个人价值后，由此交换，积累更多人脉之后，再根据需要选择不同的价值互换方式。

或者，你不爱专研，喜好交友，为人仗义，爱管闲事，这种情况下你提升自身价值的切入点就可以是链接价值：虽然你自己无法直接做价值交换，但你就像一个网络交换的中心节点，总可以"牵线搭桥"为别人找到可价值交换的对象。

一旦你成功建立了自己的价值，接下来就要尽可能地展现你的价值，放大你的可交换系数。

你的"可交换价值"＝个体价值 × 可交换系数。

假设你很有价值，但不为人所知的话，就如同掉落在某个阴暗角落的明珠一样，万一无人发现，"可交换系数"就为零了。这时哪怕自身价值再高都无济于事，因为再大的数乘上零的结果都只会是零。

因此，在建立了自身价值的基础上，你还要找到向别人展现你价值的方法。尽可能放大你的"可交换系数"，这样你的"可交换价值"才会最大化。

放大交换系数

那如何才能更好地展现自己的价值，放大"可交换系数"呢？

方法就是，精准加圈，建立信任。

一、精准加圈

要更多地展现自己的价值，一个很好的途径就是加入合适的圈子里。比如，你是一名相当有创意的涂鸦能手，但平时也就是在公司或朋友聚会上露几手，赢得一些掌声而已，但如果你加入"插画师"的圈子的话，那就不得了了，你创意涂鸦的交换价值会被迅速放大。他们可能会给你带来很多的商业插画商机，或者给你介绍几个愿意高价收购你创意涂鸦的买家。

在这样的圈子里，你会链接到更多可交换价值的人，他们也会以最快的速度将你的价值传递出去。但在加入圈子的时候，要特别注意两点：

第一点，加入的圈子要精准，减少无效社交，降低社交成本。

第二点，在你的价值未有效建立之前，不要浪费精力在圈子上，多将精力花在自我提升上面。否则，自身缺乏"可交换价值"的话，一切的社交都会沦为无效社交。

二、建立信任

价值展现出去之后，放大"可交换系数"的第二个关键在于，如何让别人更愿意找你而不是其他人进行价值互换。要做到这点，你需要让人信任。

1. 对上交往要乐于被"利用"

被阶层比你高，或人脉比你深厚的人"利用"其实是件好事。对上的交往不要去追求一时一地的等价回报，要做好免费付出的准备。这样一旦"利用"你的人认可了你的价值，将你推荐到他的人脉网络后，你的"可交换系数"就会以指数级增长了。

这就好似某款商品被淘宝或京东商城选中了在首页免费促销一样。虽然没"赚钱"，但却大大增加了你的价值曝光度，而且还没花天价的"广告费"。

不过，对上交往虽然要乐于被"利用"，但绝对不要去"攀高枝"，无原则地奉承巴结，这种巴结回来的关系，"可交换系数"无限接近于零。

2. 平级交往要愿意"吃亏"

当人人都在做等价交换的时候，你却愿意吃点亏做交换，这样愿意找你做价值互换的人就更多，你的"可交换系数"也就更大。

比如跟人借钱了，到了约定日期一定要按时甚至提前归还，而且要主动加上一定的利息。诸如这样的"小亏"吃多了后，你在别人眼中的"可交换系数"也就越来越大了。

当然，这个"吃亏"的度一定要把握好，一定要在你可承受，以及可持续发展的前提下"吃亏"。否则你吃上几次亏后连剩下的价值都消失殆尽，"可交换系数"再大也就没有意义了。

3. 对下交往要多多"提携"

对上交往的时候要乐于被"利用"，但你在对下交往的时候最好不采用"利用"策略，而采用多"提携"的策略。

对下交往很难产生即时的人脉收益，因此你要着眼于长期人脉关系的构建。这就如同天使轮的风险投资一样，投资 100 家，只要有一家成长起来，投资收益就为正了。

当然了，在采用"提携"策略的时候，你心里要做好毫无回报的准备，甚至要做好会遇到"白眼狼"的准备。也就是古人说的"施人慎勿念"，"但问耕耘，不问收获"。这样一旦有所回报就会高于你的"预期"，你的"可交换系数"也会永远大于 1。

运用上面的方法，精准加圈，建立对上、对平级、对下的立体信任关系，你的"可交换系数"将会被充分放大。

分层维护关系

你的"价值"建立后，随着"可交换系数"的放大，自然会跟形形色色的人发生价值交换，也会跟他们建立深浅不一的"人脉关系"。

对于这些人，你不能采用"一刀切"的方法来维护关系，而要分圈层采用不同的维护策略。每个人交往的对象不同，建立人脉的目的和侧重不同，因此每个人的人脉圈层也都会有所不同，但大致可以分为三个通用的圈层：互利圈、人情圈、交心圈。

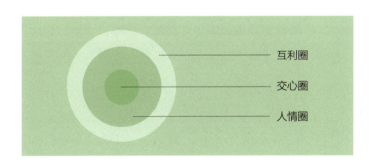

互利圈

交心圈

人情圈

一、互利圈

"互利圈"顾名思义，就是以利相交，利尽则散。这是最外层的人脉圈，它的核心在于你自身价值的高低。

因此，在维护这一层人脉圈的时候，你无须投入很多的精力和感情，只要尽量保证你自身价值的不断提升，在价值交换时做到等价交换，或者略吃小亏，这个层次的人脉资源会源源不断。

二、人情圈

"人情圈"是内一层的人脉圈，相较"互利圈"简单的以利相交，它增加了不少人情内容。人情在中国社会中根深蒂固，近两千年封闭的农耕经济为人情的生存发展提供了天然的土壤，它在很大程度上影响了一个人的社会关联和社会资本。

比如，即使今天我们在说一个人不太懂得社会交往的时候，还会说"这个人不懂人情世故"。其实不仅中国如此，在西方社会人情也是一个有力的人脉构建工具。

比如，罗伯特·西奥迪尼所著的《影响力》中的互惠原理，本质就是一种人情债的投资，通过先给予部分好处后，再索取更大的回报。

"人情圈"的价值交换不同于"互利圈"的等价交换，它往往是不等价交换。更多类似于《增广贤文·朱子家训》中的"滴水之恩，当涌泉相报"。

因此，对"人情圈"的关系维护所耗费的精力要远远多于"互利圈"，你要时不时地往对方的人情账户中追加投资。比如，逢年过节时的问候，别人生病、失意时的慰问等。

虽然"人情圈"要用心维护，但要注意不要陷入各种随份子的"仪式性人情"以及行贿式的"功利性人情"中。这两种人情维护方式既无助于构建有效的"人脉关系"，还浪费钱财，甚至还有犯法的风险。

三、交心圈

最内一层的人脉圈是"交心圈"。这个圈子是可遇而不可求的，有些人可能终其一生都未能积累到这个圈子的人脉。

"交心圈"里的人脉关系已经脱离了世俗的"利益互换"范畴，它是价值观层面上的共鸣和相互认可。

古往今来，有很多美好的故事阐述了这个圈层的可贵。比如古代的伯牙和子期，近代的鲁迅和瞿秋白，国外的恩格斯和马克思等。

"交心圈"的关系维护很简单，甚至比"互利圈"还要简单，就是"君子之交淡如水"，不要刻意，随心而为即可。哪怕平时可能交往很少，但一旦有难，对方必会鼎力相助，甚至能做到"士为知己者死"。

结束语

任何人际关系，其本质上就是交换关系。因此，构建有效"人脉关系"的根本就在于你的"可交换价值"有多高。

通过"人脉三部曲"，你可以更轻松地提高自己的"可交换价值"。

第一部曲：建立自身价值

是人都会辜负你，但你的本事却永远忠诚。从你的自身情况出发，选取合适的切入点建立你自身的独特价值，奠定你有效人脉关系的坚实基础。

第二部曲：放大交换系数

明珠只有展现在众人面前，并且得到最大化的交换，它的"可交换价值"才会最大。因此，你要提高自身的"可交换价值"，就要加入精准的圈子展现你的"价值"。

要通过建立对上、对平级、对下的立体信任关系放大你的"可交换系数"。

第三部曲：分层维护关系

不同的人脉圈层，你需要采用不同的关系维护策略。"互利圈"以利相交，"人情圈"多进行人情投资，"交心圈"以君子相交。

5.2

什么样的人值得交往

——找到愿意帮你的人

—————◇—————

在上一篇，你已经知道人脉的本质在于你的"可交换价值"有多高，这是别人选择跟你交往的基本判断标准。那么你该如何选择别人呢？请听刘艳艳老师的分享。

谁在帮助你

你的表现有多好，成长有多快，不仅仅取决于你的自身能力如何，还取决于谁会帮助你。

从学前班到初中二年级，我一直都是一个不受关注的人，成绩平平，毫无特色。

但这一切在我升入初三的时候彻底发生了改变。

我初三的班主任给予了我不同于其他老师的关注，受到班主任的关注这件事给了我极大的鼓舞。我一改以往混日子的状态，不仅获得了初三下学期的"三好学生"，而且一举考入了重点高中。

我也因此领悟到：真正值得交往的人，是能给予你帮助的人。就像我的班主任在我学习生涯中给我的支持和帮助一样，正是因为她，我才找到了学习的信心，一直念到了硕士毕业。

与能够帮助自己的人交往

你可能会认为这是一个很自私或功利的想法。

但事实就是这样：一切生命物质都具有趋利避害的特质，这其中当然包括生命物质存在的最高形态——人。

著名心理学家霍曼斯指出，人们更倾向于建立和保持得大于失的人际关系，而对失大于得的人际关系，则倾向于疏远和逃避，甚至中止这种关系。

能够帮助自己的人际关系就是得大于失的人际关系。

我也相信亨利·克劳德（Henry Cloud）在《他人的力量》中对关系的

解读：科学证实，人若想抵达更高层次，实现理想的生活状态，百分之百需要依靠人际关系，以非常特定的方式，帮助我们同时提升大脑和思维。但是，这种人际关系必须是正确类型的人际关系，而不仅仅是和朋友厮混。

在任何时候，人与人之间都只有四种可能的状态：没有连接（孤立的状态）、坏连接、看似良好的连接、真正的连接。其中只有真正的连接可以帮助你成长，其他三种总是在削弱你的成就和幸福。

一个真正的连接关系是能满足你的需求的，无论是为了获得情感支持、勇气、智慧、专业知识，还是纯粹的社交，它能让你成长，永远在背后支持你。

♠
如何找到能够帮助自己的人

能够满足自身的生理需求、安全需求、社交需求、尊重需求和自我实现需求的人都有可能对我们形成帮助。

但这不意味着他们都能够帮助你。

有能力帮助你的人比比皆是，但在某一刻愿意帮助你的人却屈指可数。

因此，我们要做的是，设法找到在需要帮助的时候，愿意挺身而出帮助你的人。

这些人一般具有如下特征：要么愿意吃亏，要么遵循互惠。一般来说，愿意吃亏的人一定是遵循互惠的人。

对于我来说，我的初三班主任就是一个愿意吃亏的人。

至今我已经初中毕业 13 年，但是我和她的关系一直很好，从没断过联系。

初中一年，她是我的学习导师；

高中三年，她是我的心灵导师；

大学四年，她是我的远方亲戚；

工作以后，她家是我的避难所。

如果是新认识不久的人，一旦你发现他未来可能对你有帮助，如何判断他是否愿意吃亏和遵循互惠呢？可以尝试以下两点：

一、主动出击

无论在工作还是生活中，积极主动永远都是你值得持有的态度。积极主动的人更容易掌控自己的生活，为了自己的目标不断地努力，不断地去寻找实现目标的方法，当然包括寻找为实现目标所需的资源。

举个例子，你若发现对方可能对你有帮助，那么你就可以主动请他吃两顿饭。通过第一顿饭谁来买单来看他是否愿意吃亏，通过第二顿饭谁来买单看他是否遵循互惠。

如果两次他都没有买单，而且交往期间他也没有表现出任何互惠意识，那么你要做的就是果断放弃。

二、牵扯利益

通过一起做一些涉及双方利益的事，来观察他的行为。

比如同一个东西，双方都想要时谁会做出让步；需要他付出力气为你去做一件事情时，他是否会跟你讨价还价等。

如何与值得交往的人维系真正的连接

人际关系的本质是价值交换。

一个长久健康的人际关系必须建立在双方都能给彼此提供价值的基础上。因此，若想与一个值得交往的人维系长久的真正连接关系，你要做到感恩。

首先，你要善于观察

观察你能观察到的和他有关的一切细节，这么做的好处是有利于你实施感恩行动。

感恩不需要以什么伟大的方式回报，而是从现在起尽自己所能去做。感恩可能是他在失意时，你的一句问候；他在劳累时，你的一句关心。

其次，你要提升自己

从价值交换的角度来讲，你若想获得更大的价值，那么也要给对方带来更大的价值。因此，努力去提升自己，让自己变得更有价值，你也更容易吸引对方来帮助你。

我的班主任愿意让我放假到她家去吃喝玩乐，愿意花时间给我排忧解难，愿意在我不工作时给我无偿提供住所，这都离不开我对她些许点滴的问候和关心，以及自己的积极进取。不断提升自己，期待将来的某一天可以带给她更大的回报。

总之，即使在你还没有能力去涌泉相报时，也请你始终怀着一颗感恩的心，通过各种方式去创造机会。你要让对方相信，你是值得他为你付出时间和资源的。

↟

结束语

为了取得更大的成就，我们希望自己的周围有尽可能多的能够给予自己帮助的人。

这些人所具有的特征一般是对你要么愿意吃亏，要么遵循互惠。那么，面对他们给予的帮助，请记得你一定要怀有一颗感恩之心，创造机会给予对方帮助。

其实，无论是在生活中，还是在职场中，帮助别人往上爬的人，往往会爬得更高。因此，想要爬得更高，先让我们自己变成一个愿意帮助且有能力帮助他人的人。

同学互动 ———————————————— ↟ ↟ ↟

你都在跟谁交往呢？有没有你认为特别值得交往的人呢？

你可以加入"框架的力量"社群，跟 5W+ 同学一起探讨更多寻找值得交往的人的方法。

关注微信公众号 YouCore（ID：YouCore），回复"互动"，加入同学互动群。

如何与领导很好地沟通

——与领导沟通的四大原则

职场的人脉有领导、同事、客户和下属，每一层级的人都需要好好沟通。这一篇，王世民老师跟你分享如何做好"向上沟通"。

✦

与领导沟通，也是一门技术

进入职场十多年，我有一个很好的记录，就是几乎跟所有曾经的领导都成了朋友。

他们中有张罗着给我介绍对象的，有借钱给我买房的，有给我介绍客户的，有跟我合伙创办公司的。

不仅如此，我在做企业管理咨询项目时，也会经常被客户项目组的人请去帮忙跟他们的领导做沟通。他们经常跟我说的话是："我们领导比较听你的，这个事您帮忙沟通下呢。"

一直以来，我都没觉得这是一项多么特别的能力，就好像鱼在水里游泳，感觉就是一件自然而然的事。

直到 2016 年年底创办了 YouCore，不停地看到各类"如何跟领导交流""如何跟领导汇报"的咨询问题后，我才意识到这可能还真是一项挺特别的能力。

于是，我将自己这些年来跟不同领导沟通的情况好好梳理了一遍，整理了一份与领导沟通的心得。

不过，在参考这份心得的时候，你如果能更多关注与领导沟通的基本原则，而不是各种小技巧就更好了。

技巧是无穷无尽的。以与领导沟通而言，你咨询 100 个人，至少能听到 200 种技巧。

不过，无论沟通的技巧多么纷繁复杂，万变不离其宗，真正有效果的沟通技巧，本质上都必然遵循着沟通的基本原则。

🌱

沟通的三大要素

沟通的定义之一是不同的行为主体，通过各种载体实现信息的双向流动，形成行为主体的感知，以达到特定目标的行为过程。

从沟通的这个定义中，我们至少可以提炼出沟通的三大要素：行为主体（沟通参与者）、信息（包括事实、情感、想法、思想等）、通道（如面对面、电话、汇报等）。

因此要做好与领导的沟通，本质上就要从这三大要素出发进行思考，让每一个要素都发挥出价值。

一、针对"行为主体"要素

你与领导沟通一定是有特定目标的，这个目标能否实现取决于参与沟通的各行为主体的反应，最重要的就是领导的反应。

若沟通能够实现领导的意图，则领导的反应就有助于沟通目标的实现；反之，领导的反应就无助于甚至会阻碍沟通目标的实现。

因此，与领导沟通的第一个原则，就是要能明确领导的意图，简称"明确意图"原则。

二、针对"信息"要素

达成沟通目标的最根本手段就是信息的交换，也就是信息的传递和信息的接收。

因此，如果信息编码质量偏低，领导感知到的信息与你想传递的信息之间的偏差就会很大，沟通的效果就会大打折扣，甚至会直接导致沟通失败。

同理，在接收领导传递的信息时，如果你的信息解码能力不足，也会导致你接收到的信息与领导的真实意图存在偏差。

因此，与领导沟通的第二个和第三个原则，就是要能有效编码传递给领导的信息，以及充分解码接收到的信息，简称"有效编码"原则和"充分解码"原则。

三、针对"通道"要素

沟通目标能否实现，还会受到"通道"要素的影响。

同样的信息内容在传递给领导时，采取的通道不同，沟通效果可能就会大不相同。

比如，每周告知领导项目正常进展的事项，你选择邮件沟通就优于当面沟通；但不得不告知领导这个项目可能要失败的时候，你选择当面沟通会远远好于邮件沟通。

而且，通道不同，同样的内容要采用的信息编码方式可能就会不同。

比如，通过电话跟领导汇报时，汇报内容最好不超过三点，否则领导是记不住的；但使用 PPT 当面演示时，你就可以放入更多的内容，因为有视觉效果的导航辅助，领导更容易记住。

因此，与领导沟通的第四个原则，就是要能根据实际情况，选择合格的信息交换通道，简称"选准通道"原则。

一切与领导沟通的技巧，都无外乎是这四大原则的运用。

1."明确意图"原则：针对行为主体。

2."有效编码"原则：针对信息的传递。

3."充分解码"原则：针对信息的接收。

4."选准通道"原则：针对信息通道。

因此，掌握了上面四个与领导沟通的基本原则后，你就不会迷失在无穷无尽的"沟通技巧"中了，甚至你可以根据你的实际情况，创造出最适合你的与领导沟通的技巧。

下面，我们一起来看一下具体怎么运用这四个基本原则。

"明确意图"原则

怎样才能做到在沟通中，更有效地明确领导的意图呢？

方法有三种：你要在沟通前，也就是平时多多积累对领导的了解；沟通中，要多去想为什么领导会这么说，要这么做；沟通结束前，一定要记得确认你对领导意图的理解是否正确。

一、积累了解

你有没有发现，你和很好的朋友沟通，几乎不存在沟通不好的情况，你每次都能准确地理解对方想要的东西。

之所以能做到这点，就是因为你已经很了解对方了。

因此，如果你平时注意积累领导的利益关注点、喜好、性格、背景等信息的话，就会对领导有更多了解，也就更容易在沟通时领悟领导的意图了。

二、多思多想

除了平时要注意多积累对领导的了解，每次在跟领导沟通时，你还要多思多想，多揣摩领导的真实意图。具体如何做呢？最好的方法之一，就是在脑海中不断地自问"为什么"。

比如，领导跟你沟通一个市场活动的策划安排时，你就需要在脑子里自问一系列问题：

"领导为什么要办这次市场活动？"

"领导为什么会选择这个地点？"

"领导为什么要选择这个时间？"

"领导为什么让我负责这次市场活动？"

……

这样自问多了后，对领导的意图也就领悟得越来越准确了。

三、确认意图

每次沟通结束前，一定要对领导的意图进行确认。

正常情况下，你可以这样开头："领导，我理解这件事您最主要的目的是……您看我的理解有没有偏差或遗漏的地方？"

这么做的好处有两点：

一是能纠正你对领导意图理解的偏差；

二是能让领导感知到你理解他的意图了，这样在后续的沟通中，领导会更容易接受和认可你。

通过积累了解、多思多想以及确认意图，你就可以相对更容易地明确领导的意图了。但仅明确意图还不够，你还要很好地编码信息，准确地给领导传递你的意思。

"有效编码"原则

怎样编码信息才能更准确地传递你的意思呢？

高质量的信息编码必须同时做到下面三点：

一、从领导的视角编码

无论你的沟通目标是什么，在跟领导沟通时，一定要第一时间让领导感知到他的意图被满足了或会被满足，这样领导的态度或行为才会跟你的沟通目标一致。

因此，你传递给领导的信息，一定要从领导的视角进行编码，而不是你的视角。

举个例子，领导要出差参加一个会议，安排你帮忙订一家离会场近的酒店。因为参加会议的人实在太多了，会场周边的酒店都被订满了，你费尽心思找了很多朋友帮忙最终才订到了一间房。

假如你跟领导汇报这件事，你的沟通目标是想凸显自己这次的辛苦和功劳，因此你可能会按下面的方式编码信息。

"领导，这次房间太难订了，我将周边的所有酒店都问遍了，结果没有一家有空房。没有办法，我找了一个在当地做旅游的朋友，让她帮忙，结果她也没办法。后来……"

采用这种信息编码方式的话，领导听了几分钟，可能会理解成你没订到房，这会儿正想方设法地找借口呢。因此，领导不但接收不到你想传递的"辛苦和功劳"，还很有可能训你一顿：订个房这么点的事你都做不好，你还能干什么呀你！

从领导的视角重新编码这段信息的话，你可以改成下面这样。

"领导，您的酒店订好了，具体信息我发到您微信上。不过这次房间还真不好订……"

这么编码的话，领导第一时间就感知到他的意图被实现了，也就更有可能认可你的辛劳。

二、按领导的喜好编码

领导的性格不同、喜好不同、背景不同，对信息的解码方式也会有所不同。

比如，有的领导喜欢言简意赅，有的领导喜欢详细说明，有的领导只愿意听结果，有的领导喜欢事无巨细进行了解。

因此，哪怕汇报的是同样的事情，最好也能根据不同领导喜好的解码方式，对信息做不同的编码，靠"一招鲜，吃遍天"是行不通的。

比如，跟领导汇报，是用 SCQA 模型（事实—冲突—疑问—回答）好？还是用 GAR 模型（目标—行动—结果）更好？其实没有定论，要依据领导喜欢的解码方式来定。

不过，有一些基本的信息编码原则是通用的：逻辑清晰；讲三点；要给领导答案、建议，哪怕风险也行，但千万不要只给问题；尽量让领导多做选择题，而非问答题。

三、适时调整编码

信息编码完传递出去后，要注意观察领导接收到信息后的反馈，以确定信息编码的效果。

你可以观察领导的表情和动作，比如领导的眉头是不是皱起来了？领导是不是开始心不在焉了？

如果可以，你也可以直接言语询问。比如："领导，到目前为止，您有什么意见或建议吗？"

一旦领导的反馈表明他接收到的信息有偏差的话，就要适时调整信息编码方式了。

如果你能做到从领导的视角出发，按领导的喜好编码，并且可以根据领导的反馈适时对信息编码做调整的话，你传递给领导的信息就肯定更容易让领导感知到。

接下来，你要关注的就是如何充分解码接收到的信息。

"充分解码"原则

在接收领导的信息时，如何才能做到充分解码呢？

你只要把握好三个关键就可以了。

第一个关键：倾听

在接收领导的信息时，你首先要好好地倾听和记录，避免急于表达，哪怕有困惑或质疑的地方都要先忍着，你可以先记下来，等领导把话说完后再统一确认。

为什么要这么做呢？有两个原因。

原因一，你只有专心致志地倾听，才有可能接收尽可能多的信息。当然，这里的"倾听"，不仅仅是用耳朵听，它还需要你去接收声音之外的动作、表情等。

原因二，在领导没有全部表述完成前，你可能会理解错领导的意思，这时贸然表达，反而会引起领导的不快。

第二个关键：组织

有的领导在传递信息时，因为时间紧或者自己也还没想得太明白，会存在讲得不清楚、信息有遗漏等情况，因此在接收信息时，不能只是像复录机一样，将领导说的话原封不动地记录下来，而是要重新结构化地组织接收到的信息。

举个例子，假如领导指示你去准备一场市场活动，你就可以用 5W2H 来组织接收到的信息。这么做的好处是，无论领导讲的内容多么杂乱，你都可以将它们有条不紊地组织好，也很容易发现遗漏的内容。

比如，关于在哪儿举办这次市场活动，领导颠三倒四地讲了五六次，但对活动预算却只字未提，通过将领导传递的信息按照 5W2H 组织后，领导一讲完你就能发现这个遗漏了。

第三个关键：复述

因为受到"噪音"干扰，无论你怎么"倾听"，怎么结构化组织，你接收到的信息跟领导真正想传达的信息之间或多或少还是会存在偏差，特别是有些时候，领导自己有遗漏或讲错了。

因此，等领导讲完后，你务必要跟领导复述一下你接收到的信息，以根据领导的反馈修正偏差。

一般情况下，你可以这么复述："领导，根据刚刚 30 分钟的沟通，我理解您一共讲了三点。第一点……第二点……第三点……您看以上这三点有没有遗漏或有偏差的地方？"

假如，在复述前你对领导的部分观点有疑惑或质疑，那么可以先澄清后再复述。

但在澄清的时候，要注意方法技巧，不能直接反驳领导。你可以顺着领导的思路，以假设的口吻提出异议，让领导思考解答。比如："如果……那该怎么办？"

通过倾听、组织和复述，你就可以充分解码接收到的信息了。

最后一个要关注的原则就是如何选择沟通通道了。

✦

"选准通道"原则

怎样选择通道，以及选择怎样的通道与领导沟通效果才更好呢？

有两个基本的选择标准。

一、根据沟通目标选择

沟通目标不同，最合适的沟通通道可能就会不同。

我们每个人跟领导沟通的具体目标可能都不同，但大致可以归纳为四类。

第一类，情感联系。涉及人类情感的交流，面对面交流永远都是效果最好的。因此，如果沟通目标是为了跟领导建立更好的情感联系，那么只要条件允许，就尽量面对面沟通。

第二类，信息传递。这类沟通目标传递的信息大多是事实、客观意见等，而且只要领导接收到即可，无须领导有特别反馈，因此采用邮件、电话、微信等沟通工具远程交流即可，没有面对面沟通的必要。

第三类，获得领导理解或认同。这类沟通目标相较信息传递，不仅要让领导接收到自己传递的想法、主观意见等，更需要根据领导的提问、质疑等反馈做出合适的解释。因此，这类沟通目标就需要面对面的交流方式，至少也要可互动的视频形式。

第四类，说服领导。这类沟通目标比获得领导理解或认同需要更多的互动，以及言语外的信息交流，因此面对面的方式是最佳的。

二、根据沟通内容选择

除了需要根据沟通目标选择沟通通道外，沟通的内容对通道的选择也有影响。

如果沟通内容包含的信息较少，那么选择电话、微信等沟通通道比较方便。

如果沟通内容包含的信息很多，那么选择当面汇报、邮件等沟通通道更为合适。

当然，现在各种新的沟通工具层出不穷，因此在沟通通道的选择上也无须墨守成规，只要你认为能达成沟通目标就行。

结束语

篮球运动中有个不成文的"传接球理论"，只要发生传接球失误，这个失误一定记在"传球人"身上。

与领导的沟通同样如此，没有不好沟通的领导，只有不会沟通的下属。

明确了领导的意图，对领导的信息能够充分解码，领导与你沟通就会很顺心，如沐春风。

清楚了领导的意图，能够有效编码信息，选准了通道，你传递的信息自然是领导想听的，你也就更有可能进一步让领导认可和接收到你的信息，甚至按你的意图行事。

我们每个人面对的领导的性格和背景可能都不相同，跟领导沟通的具体场合更是各不相同，各种沟通的小技巧也学之不尽，但只要掌握了跟领导沟通的四个基本原则，无论是接收领导的指示、向领导汇报，还是跟领导讨论问题，你都能做到游刃有余。

同学互动 ━━━━━━━━━━━━━━━━━━━━━━━━ ♟ ♟ ♟

与领导沟通的四个原则中，你觉得自己在哪一点比较薄弱呢？你准备做什么相应的改变？

把你排查的问题和对策通过微信公众号告诉我们，在解决问题的同时，你还有机会获得我们为你准备的惊喜礼品！

5.4

为什么说好交情
都是冲突出来的

—— 有效冲突的三种姿势

上一篇你掌握了与领导"向上沟通"的方法，这一篇就要谈谈如何做好与同事、客户的"平级沟通"了。谭晶美同学告诉你，如何用冲突玩出好交情。

✦

冲突也是一种沟通方式

一个朋友最近向我诉苦。

她在一家外企做项目协调的工作，这次出差到厦门进行项目支援。因为当地负责的同事给供应商的数据和她从总部调出的数据不一致，这让她在和供应商的沟通中非常被动。

现在供应商不愿意签字，她只能多留厦门一个星期，先把内部的数据全部都梳理清楚之后，再和供应商约谈。朋友有两次主动约这位提供数据的同事，想和他聚在一起讨论下数据归整的问题，但他都以当天太忙推托了。

听其他同事讲，这位同事脾气不太好，和办公室的好几个人都有过冲突，朋友也隐隐感觉他不太好沟通。看着一周的期限临近，朋友也越来越焦虑。

"昨天他推托的时候，我就应该强硬一点。"

"不过，实在是不想和他起冲突……"

微信上聊这事儿时，她连给我发了好几个无奈的表情。

我太理解她了，碰到强势的同事谁没有害怕冲突、退缩的时候呢？

写毕业论文时带我的师兄，强势起来连导师都拗不过，在他跟前我基本不敢表达自己和他不一样的想法。那段时间不仅心理压力大，额头、下巴以超青春期的速度冒痘，论文进展也慢得要死。做了半年的忍者神龟后，我哭鼻子找到导师，他说的一句话我印象特别深刻。

"一定不要害怕冲突，冲突也是一种沟通方式。"我之后便借了小胆和师兄也小吵过两次，但感情反倒没那么生分了。毕业后的这些年，几乎每年年前都会特地找他聚一下，聊聊这一年的变化。

其实，大多数国人都会有冲突恐惧症，因为常规教育下，我们常常被教育成不和别人吵架的好学生。再加上天生避免冲突的偏好，以至于大多数人可能从来没有意识到冲突也是有好处的：

1. 就发生冲突的双方而言，冲突中的自我表露，是促进亲密关系的三大因素之一（其他两个因素分别为依恋、公平）；

2. 就引发冲突的事件本身而言，冲突后达成的共识才能经受住各种隐藏问题的考验。这点在职场上尤为明显。

♦ 好交情，都是冲突出来的

自我暴露层次越高，交往的层次越深，这是著名的约哈里之窗理论。

事实上，良好的人际关系是在自我表露逐渐增加的过程中发展和亲密起来的。

适当且不失时机地暴露自己，尽可能地通过各种渠道向他人传递自己的信息，可以很快地缩小自己与别人的心理差距，增加彼此的踏实感。

而冲突其实就是一种很有效的渠道。

平日里，很多人都是戴着一副面具待人，把自己的真实想法掩藏得很深，而冲突时趁着情绪，倒不管不顾，把所有想法一股脑全部散出去了，却也是真情大流露。冲突后往往会出现两种情况：

一是发现"这货和我不对路"。所谓"道不同不相为谋"，如此说来，倒也不必觉得有什么损失。

二是不"吵"不相识。经过这一吵，发现对方还不错，"嗯，这货好像不是脓包，真性情，有几分真本事"，竟然相见恨晚，甚至吵成了知己，打成了莫逆，反倒显得非常珍贵了。

比方说《水浒传》中的李逵和张顺，初次见面时便大打出手。但这哥俩之后却相处得十分愉快。当然咱们不比江湖男儿，能动口时尽量别动手。

♠

未经争辩而达成的共识，都是脆弱的

工作中，我们每个人对于同一个事件其实都会有完全不同的理解和想法。大家也是从完全不同的角度支持或者反对的，但一旦都投赞成票，就没有机会摆开来讲这些歧义了。

特别是当实际操作交由具体某一个人来执行时，很快他就会发现，糟了，根本不是他自己一个人原本想的那么回事。

史隆恩，通用汽车早期最杰出的总裁，从 1923 年到 1956 年，实际上治理通用汽车公司长达 33 年。这段时间，通用汽车爬升追上福特公司，奠定了作为美国三大汽车厂之一的稳固地位。

史隆恩留下了许多管理上的丰功伟绩，不过流传最广也流传最久的，却是他在某一次内部会议上没有预先准备讲稿的谈话。

史隆恩对着会议参与者说："各位先生，显然我们对目前这个决定达成了完全的共识，没有任何人有任何不同的想法。那么，我提议我们暂时冻结这个议案。让我们大家有时间去发展一些不同意见，这样也许可以多增加对这个决定的理解。"

共识不见得是好事，因为现实生活中很少有真正的共识，共识往往只是因为差异被隐藏下去的幻想而已。

得来太容易的共识，不一定是所有人想法的统一，还有可能隐藏着分崩离析的陷阱，而冲突就是找寻藏在共识下的不同意见。这和"吵架出真知""真理越辩越明"本质上是一个道理。

↑

如何正确地冲突

既然适当冲突是有好处的，那掌握冲突的正确方式便显得十分重要了。怎么才能正确地冲突呢？这里有几点建议：

一、避免关系型冲突及任务型冲突的转化

1995 年，耶恩（Jehn）以冲突发生的性质为依据，把冲突分为关系型冲突和任务型冲突。

关系型冲突是指沟通的双方感觉到彼此之间的不一致或不协调时，会产生紧张、愤怒、敌意或其他负面的情绪，属于个人情绪导向的。而任务型冲突指的是冲突双方对于任务的目标、决策或解决方法等有不同的观点、构想、判断而产生的冲突，属于事件导向。

一般认为，关系型冲突多是负面的，因为它引导大家把时间和精力浪费放在彼此的关系上，忽略了真正问题的解决，背后依然隐藏着各种风险可能随时爆发。而任务型冲突多是正面的，它使双方的互动频率增加、思考更加深入，进而产生新的想法。

如果果真如此，那我们只需要避免关系型冲突就可以了，但事实上，两种冲突是会彼此影响的。很多时候，我们最先发生的是任务型冲突，一旦处理不当，冲突双方便可能会开始合并所有因任务冲突所产生的负面意见，进而演变成关系型冲突。所以，我们不但要避免关系型冲突，也要避免任务型冲突往关系型冲突转化。那么如何避免呢？

1. 就事论事，不错误归因

人们经常把他人的行为归因于人格或态度等内在特质上，而忽视他们所处情境的重要性。罗斯（L. Ross）称之为基本归因错误（Fundamental

Attribution Error,FAE）。

比方说，一个每天配合你工作的同事，原本应在每天下午 5 点前汇总当天数据给你。但是最近这几天，即使你已经拼命催他了，他依然拖延至第二天中午才给你。

这种情况下，你很可能会忽视对方真的只是因为最近比较忙，而错误归因为"这小子是不是对我有什么看法呀"，如此便容易引发关系型冲突。

想要避免归因错误，需要我们在选择开口与沉默之前想清楚，需要解决的问题是什么。同时不猜测对方的动机，不猜测事情发生的原因，当然更不能把你想传递的信息，以攻击的形式表达出来。

2. 冲突一定要以达成共识收尾

很多时候，冲突都是由负面事件积累所造成的，所以一旦爆发，一方甚至双方总会抑制不住委屈地开始翻旧账。翻旧账式的冲突原本是为了引起对方的愧疚，达到让对方妥协的目的。但一旦你主动说了，反而是在戳对方的痛处，让对方原本的内疚也消失殆尽。

所以，每一次冲突最好都以双方共识来结尾，明确的共识也相当于给这次冲突画上了句号，避免彼此的负面情绪累积。

如果在达成共识的过程中，理性对话不能顺利进行，先放一边也是一个不错的处理办法。

二、冲突的目的是为了更好地实现双方的共同目标

主动冲突的起因一定是为了双方共同的目标，但很多时候各自的目标是冲突的。这时候就需要找到超越各自具体目标的更高一级的目标。比如说部门利益的冲突背后，其实是共同的公司利益目标。

值得注意的是，一旦只涉及单方面或者此消彼长的利益关系，冲突后即使最终达成共识，好像自己占了上风，守住了底线，但合作关系也会成为牺

牲品，并不能带来真正的胜利。

三、冲突后要善于主动引导关系的回温

虽然冲突是好的，但很多时候冲突过程中激烈的冲突氛围，也会让很多人心里不舒服，所以一定要善于主动引导关系的回温。

职场上常见的冲突总发生于团队共同负责一个项目的时候，交集多，冲突也多。所以项目结束后大家聚在一起吃个饭，酒足饭后说开了，就是一个引导关系回温的好法子。

结束语

很多人都有畏惧冲突的心理，一旦进入紧张的氛围，大家就会不自觉地想要退缩，进而忽略了真正问题的解决。

但其实，适度的冲突也是有好处的，甚至可以说，只有经历了冲突的交情才能体现出友情的厚重：

其一，冲突中的自我表露，能够加深双方的心理连接；

其二，冲突达成的共识才能经受住各种隐藏问题的考验，而这种共同完成一件事的经历又会反过来促进交情的升温。

当然，掌握了正确的方式后，冲突才能带来好的效果：

1. 避免关系型冲突及任务型冲突的转化；

2. 冲突的目的是更好地实现双方的共同目标；

3. 冲突后要善于主动引导关系的回温。

同学互动 ✦✦✦

　　你知道什么样的人绝对不能和他起冲突，又该如何与他起冲突吗？

　　加入"框架的力量"社群，立刻学到！

　　关注微信公众号 YouCore（ID：YouCore），回复"互动"，加入同学互动群。

5.5

没有不行的下属，
只有无能的领导

—— "选人、搭配、管理、培养"全攻略

◇

掌握了与领导"向上沟通"的方法，与同事、客户"平级沟通"的方法，这一篇就请王世民老师继续为你谈谈如何做好"向下管理"。

♠

你是抱怨下属能力不足的领导者吗

我是工作第 2 年开始带团队的，那时是 2005 年，我担任一个组的开发组长，手下有两名比我大两岁的同事。

刚开始，因为完全没有带团队的经验，而且他们又比自己年龄大，心里还挺忐忑的，怕他俩不服自己。因此，我工作起来比升职前更加拼命了。

这么战战兢兢的一个月下来，我是一点都不忐忑了，但这两位同事在我心里的形象也一落千丈。我甚至偷偷在心里给他们分别打了一个标签，一个是"笨蛋"，一个是"懒货"。

"笨蛋"的来源是因为这位同事写代码的能力实在不敢恭维，50 行代码能搞定的功能他能写上几百行，而且程序 Bug（问题）还很多。他编完的代码，我基本都要重做一遍。

"懒货"的来源是因为另一位同事工作期间，一会儿要出去抽支烟，一会儿要去便利店买瓶水，我 1 天就能写完的代码，他至少要干上 3 天。

因此，那段时间我特别累，几乎一个人将一个组的工作都给干了。

于是，只要跟人聊到工作累的话题，我都会"怨妇式"地抱怨这两个人的能力实在太差了。

后来随着自己带团队的水平日渐提高，我觉得这种"怨妇式"的抱怨应该彻底远离我了。

没想到，13 年后的今天，我一位从集团职能部门转任子公司老大不久的朋友开始跟我抱怨，手下的那些副总和总监们能力不行，一点儿都不让他省心。

每次见面都唠叨这个，让我恍惚间有一种往昔再现的感觉。

其实，下属可能会有缺陷。之所以需要团队管理，就是因为每个人都存在缺陷。

凡是抱怨下属能力不足的领导者，**99%** 都是自己在人才的选择、配置、管理或培养上出现了问题。

做好"选人"

一切团队问题都源于自己的管理无能，无关下属的能力。

对这句话，你可能会有这样的质疑：假如公司配给我的人确实能力很不行，难道这也是我的管理无能吗？

是的，因为选人本就是领导最重要的职责之一。

微软的观点就是，**选对人比培养人更重要。**

对的人进入团队后，会快速体现价值，而且你需要在他们身上花费的精力会很少。

但如果选择的人能力不足，你就要投入更多的时间和资源来培养他们，还要把本该他们干的活给干了，这意味着作为领导的你，一段时间内基本上把自己搭进去了，实际上耽误了更重要的工作。

如果选择的人在人品上有问题，那对团队而言更是一场灾难。

有个著名的"酒与污水定律"，说的是：把一匙酒倒进一桶污水，得到的是一桶污水；把一匙污水倒进一桶酒里，得到的还是一桶污水。

什么意思呢？

意思就是只要有一个错误的人进入了团队，就会产生惊人的破坏力，会迅速污染整个团队的氛围。即使你立马开除了这样的人，也要花费额外的精力来恢复团队氛围，甚至有可能不可还原。

因此，与其花费很多不必要的精力来培养不合适的人，不如花更多的精力在选择合适的人上。

做好"搭配"

选好人后，不代表你就可以高枕无忧、放手不管了。

同样的一批人，在不同的搭配组合之下，团队表现可能有天壤之别。这就是同一支足球队，在不同教练手上，战绩会有巨大不同的原因。

团队管理的本质就是优化人员配置，配置水平的高低体现了团队管理水平的高低。

韩信在项羽的手下，就是一个"治粟都尉"，也就是管军粮的后勤官。但到了刘邦手下，官拜大将军、相国，一人之下万人之上，结果一路替刘邦定三秦、擒魏、破代、灭赵、降燕、伐齐，直至垓下全歼楚军，打下大汉的江山。

从这点来看，刘邦团队管理的水平就远远高于项羽，他知人善用，知道应该将韩信配置在什么位置上。

人力资源管理中有一个**"不值得定律"**，这个定律说，**一个人认为不值得做的事情，就不会做好。**

你要相信，没有能力不行的下属，只有放错位置的人才。位置放错了，他就会认为你分配的事情不值得做，自然就不会做好，在你眼中就成了"能力不行"了。

因此，一个优秀的管理者，必须深刻了解下属的意愿、能力、性格特征，合理分配他们的工作。

比如，高成就动机的下属，就安排他单独或牵头完成具有一定风险和难度的工作；依附感强的下属，就更多让其参与某个团队的共同工作；权力欲强的下属，就安排其担任一个与之能力相适应的主管等。

♦
做好"管理"

选好人，做好搭配，一个优秀团队的架子就有了，这就像一辆"车"被制造出来了，但要让这辆"车"动起来，行驶到目的地，还需要有人来"驾驶"，也就是管理。

一个人的管理水平不高，主要就是受到下面六大因素的影响。

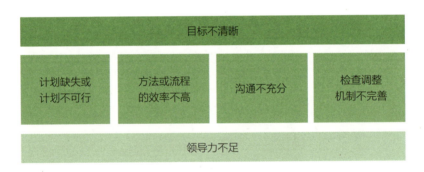

影响管理水平的六大因素

因此，一个优秀的领导，一定要做好这六大因素的管理。

一、目标

目标不清晰，下属就没有努力的方向，能力就无法聚焦，工作成果也无法展现。

目标不清晰的主要表现有两种：

1. 团队目标不明确或下属不清楚目标；

2. 目标不合理，比如太低了下属缺乏挑战的动力，太高了又让下属望而生畏。

因此，一个优秀的管理者，必须能给团队设定清晰的目标，至少是符合 SMART 原则的。

S 代表明确性（Specific），也就是目标必须是具体的，而不是笼统宽泛的；

M 代表可衡量性（Measurable），也就是目标必须是数量化或者行为化的；

A 代表可实现性（Attainable），也就是目标在付出努力的情况下可以实现，避免设立过高或过低的目标；

R 代表相关性（Relevant），也就是目标必须与整体工作是相关的；

T 代表有时限性（Time-bound），也就是目标必须有明确的截止期限。

这个目标还需要让下属也很清楚，并且你能根据下属的不同情况对目标做合理分解，让每个人分配到的子目标，都是跳一跳够得到的。

二、计划

光有目标，但没有计划或者计划不可行，下属依然会无所适从。

特别是多人协作的工作，在没有计划的情况下就贸然开始工作，结果只能是一团乱麻，个体能力再强的员工也会变成你眼中"无能"的下属。

这就是 NBA（美国职业篮球联盟）中，哪怕是全联盟最强的超级球星，在一个混乱的球队中，都无法带队夺得总冠军的原因。

因此，作为领导，你必须要有一份可以让下属照着开展工作的计划。

三、流程与方法

每个下属的能力水平都是不一样的，有人可能只要你给个方向，他就能给你最终的成果，但这样的下属在你团队中的比例绝对少于20%。

对于绝大多数下属，你不能只提要求或只给目标，而不给方法。否则你只能一次次地失望于他们的"无能"。

因此，你需要注意将团队的优秀经验固化成流程和模板，这样既能给下属以方法指导，又能在人员工作水平参差不齐的情况下保证团队整体的工作水准。

如何提炼标准化的工作流程和模板，你可以参考王世民老师所著的《学习力》，这本书中不但给了具体提炼的方法，还给了丰富的模板示例。

四、沟通

很多时候，某个下属之所以在你眼中"能力不足"，并不是真的能力不行，而是团队中的沟通不充分，导致他理解的工作或努力的方向与你所期望的偏离了。

因此，你一定要建立一个充分沟通的机制，比如日例会、周会的安排。除了这些正式的沟通机制外，你还可以营造一个充分交流的团队氛围，这样整个团队的目标就更容易一致了，谁碰到问题也会更容易找到求助的人。

五、检查调整

无论多么好的目标、计划、流程与方法，无论能力多么强的下属，在实际执行任务的过程中，一定会产生偏差。

很多时候，这些偏差产生后并没能得到及时的发现与纠偏，于是最后下属呈现给你的结果就是不合格，他们在你眼中也就成了"能力不足"的人。

因此，你一定要建立一个闭环的检查调整机制。不能光布置任务，而没有对任务的检查节点；或者有了检查节点，但没有奖罚制度或者奖惩制度执行不严格，做好做坏都一个样。

六、领导力

最后一个影响你管理水平的就是你自己的领导力。

如果你自己的人品或能力不被下属认可，你自己缺乏表率，或者你自己不会有效授权，那么你手下绝对全部都是"能力不足"的人。

因此，作为管理者，自己首先要具备过关的能力，做好表率，并学会给下属合理授权。

做好上面六点，你就会神奇地发现，那些"能力不足"的下属一下子能力就突飞猛进了。

♦

做好"培养"

前面我们说过，选对人比培养人更重要，但这并不代表你就不需要培养下属了。

之所以需要培养，无非是下属现时的工作输出与工作需要之间产生差距了。

一个人的工作输出是同时受到态度与个人能力影响的。

工作输出公式

第一，态度

下属的态度，通过你的领导力、激励手段，是可以快速改变，并做短期保持的。因此对于周期短的工作，下属的态度并非是关键点。

但如果你想培养的是"基石型"的下属，那么态度就是一个最关键的考量点了，所谓"德才兼备，以德为先"，对于态度不端正的下属，如果每次都要靠短期激励来纠正的话，就千万不能当成团队核心来培养了。

第二，能力

关于团队成员的能力，自然要安排培训、创造实践机会帮下属提升，但千万不能陷入这个误区中：**所有人的能力都是可以通过培训提升的。**

这个观点在原则上没错，但忽略了提升速度的要求。在实际管理中，你会发现，下属提升的速度往往是赶不上工作推进的速度的。因此，作为管理者首要应注意选才，人选对了，培训才能事半功倍。

结束语

有没有确实是下属能力有问题，而不是你管理无能的情况？

有!

如果组织分配给你的人确实不适合你的团队，而你又没有换人的权力的话，这种情况下导致的问题确实不是你管理无能。

但将管理成果不如意归因到这样的客观情况下，对你毫无意义。一是根本无法改变现状，二是无助于你管理水平的提升。

因此，接受下面这个观点——"一切团队问题都源于自己的管理无能，无关下属的能力"——对你有百利而无一害。

若能克服这些客观制约，你就可以将工作完成得更好，也不再需要像我曾经那样做对管理水平提升毫无益处的"怨妇式"的抱怨。

若最终无法突破客观环境的制约，你也能得到更多的管理锻炼，选人、人员搭配、团队管理、培养下属的水平会得到更大的提升。

同学互动 ━━━━━━━━━━━━━━━ ★★★

团队管理从来不是一件容易的事，很多时候还要根据每个团队成员的性格特点对症下药。

不少做销售的同事，因为业绩冒尖被提为团队负责人，但最终还是退了下来，觉得单打独斗更加适合自己。

你在管理中碰到过什么棘手的问题吗？进群给你方案。

关注微信公众号 YouCore（ID：YouCore），回复"互动"，加入同学互动群。

后记

———◇———

书看完了？

谢谢你的阅读，让我们得以通过文字完成一次这么立体的交流，从格局、认知，一直到方法和工具。

希望你可以按照职场最底层的逻辑为自我赋能：提升人生格局、转变落伍观念、适应未来方向、掌握系统方法、放大人脉。无论未来多么不确定，无论职场怎么变化多端，你都可以随时随地将你的知识和技能做最大价值的自由置换，持续放大你个体的职场价值，永远保持巨大竞争力的势能。

限于篇幅和本书主题的关系，我们还有很多特别想跟你分享的优秀文章未能收录在本书中。以下 10 篇文章，每一篇全网阅读都超过了百万，推荐给你作为本书的引申阅读（在 YouCore 公众号回复文章前的对应数字即可查看，比如回复"1002"）。

1001:《如何让 10 年后的你，不后悔现在的职业选择》

1002:《工作 10 年才懂的道理，早知道职位比现在高两级》

1003:《请把你的能力长成一棵树，而不是一片草》

1004:《如何做到无视环境制约傲娇地成长》

1006:《你是如何在职场上谋杀掉自己的》

1010:《如何构建完整的知识体系框架》

1011:《关于碎片化学习，看这一篇就够了》

1017:《如何在 3 个月内零基础成功转行》

1019:《没学历、没经验，凭什么你就敢按本能做事》

2007:《80% 的人在升职加薪的路上，死在了这一步》

在你"个体赋能"的路上，我们期待能有这个荣幸，与你一路相伴！

参考书目

◇

[1]《自私的基因》理查德·道金斯，中信出版社，2012。

[2]《卓有成效的管理者》彼得·德鲁克，机械工业出版社，2009。

[3]《高效能人士的七个习惯》史蒂芬·柯维，中国青年出版社，2013。

[4]《社会心理学》戴维·迈尔斯，人民邮电出版社，2006。

[5]《思维力：高效的系统思维》王世民，电子工业出版社，2017。

[6]《思考，快与慢》丹尼尔·卡尼曼，中信出版社，2012。

[7]《如何做好一个决策：斯坦福商业决策课》卡尔·斯佩茨勒、汉娜·温特、珍妮弗·迈耶，湖南文艺出版社，2017。

[8]《复盘：对过去的事情做思维演练》陈中，机械工业出版社，2013。

[9]《人是如何学习的：大脑、心理、经验及学校》约翰·D.布兰思福，华东师范大学出版社，2013。

[10]《睡眠革命》尼克·利特尔黑尔斯，北京联合出版公司，2017。

[11]《联盟：互联网时代的人才变革》霍夫曼、本·卡斯诺查、克里斯·叶，中信出版社，2015。

[12]《团队内任务冲突与关系冲突的关系与协调》刘宁、赵梅，中国学术期刊电子出版社，2012。

[13]《情绪和记忆的相互作用》李雪冰、罗跃嘉，心理科学进展，2007。

[14]《影响力》罗伯特·B.西奥迪尼，北京联合出版公司，2016。

[15]《他人的力量》亨利·克劳德，机械工业出版社，2017。

[16] Attachment styles among young adults: A test of a four-category model, Bartholomew K, Horowitz L M, Journal of Personality and Social Psychology, 1991.

[17] A Behavior Model for Persuasive Design, Fogg, Persuasive Technology, Fourth International Conference, 2009.

[18] Organizational Psychology, E.H.Schein, Prentice Hall, 1980.